早午餐
創業
經營學

Brunch

差異化創新找出營運致勝模式，
以特色產品建構品牌識別，小店也能成為大事業！

目錄

Part2-2　獨立品牌經營特色早午餐類型

早午餐的
發展與走向

　　隨現代人工作日趨繁忙，生活習慣漸漸改變，結合 Breakfast 與 Lunch 的 Brunch（早午餐），愈是受到國人的喜愛。觀察這個不斷進化的飲食文化，在早期早午餐多由咖啡店、美式餐廳供應，提供像是以炒蛋、培根、麵包等餐點，隨發展愈趨普及，不僅連鎖早餐店業者紛紛改變經營模式、延長時間加入戰局，便利商店、速食業者也積極插旗搶攻市場，新投入的品牌也以「特色早午餐」（如：吐司、捲餅、蛋餅等）應戰，用創意餐點搶攻國人味蕾。

　　國內爭相催生新品牌，並嘗試從台灣跨向海外經營，另也有代理業者引進國外的早午餐品牌，提供國人不一樣的選擇。究竟早午餐有什麼樣的魅力？本章節將一起從產業經營面、品牌與空間設計面，共同了解早午餐崛起趨勢以及發展與走向。「**Part1-1 品牌的跨國經營術**」介紹台灣本土早午餐品牌進入國際市場的經營思考，以及國內代理商如何引進外國早午餐品牌，並發展出獨有的營運套路；「**Part1-2 本土品牌在地經營術**」觀察國內早午餐的經營，除了早午餐類型，另還有麵包、吐司、捲餅類型、異業跨界延伸類型，邀請這 3 類的品牌經營者，分享他們如何突圍建立自己的市場版圖；「**Part1-3 早午餐品牌與空間設計術**」則是邀請到設計師就早午餐的空間設計、品牌規劃等做設計心法上的分享。

攝影＿江建勳

讓台灣味的早餐在各地飄香

結盟合作策略，
讓品牌從在地跨向國際

晨間廚房西式早午餐
總經理

邱明正

● 現職　　晨間廚房西式早午餐總經理
● 經歷　　創業前擔任機械設計工程師。

● 邱明正的營運心法：

透過單店經營確定可行的商業模式。

後援建置完善才敢走向連鎖與海外。

先跨點二三線城市再做其他的擴張。

成立於 2001 年的「晨間廚房西式早午餐」以「有質感的平價早餐店」打響名號，一步步從單店經營、發展至連鎖加盟體系，逐步在台灣打穩根基後，以結盟合作方式，分別於 2015 年前進大陸市場、2019 年前往馬來西亞展店，今年更將進軍新加坡，讓台灣味的早餐在各地飄香。

「創業前我一直在從事機械設計的工作，一路從助理工程師做到經理，那時工作相當繁忙，忙到錯過許多與家人的重要時光，為了能多陪伴家人，萌生創業念頭。那個時候回想過去曾在西餐廳打工的經驗，意識到自己對於餐飲服務既不排斥也有熱忱，便決定以餐飲業作為創業目標。」晨間廚房西式早午餐總經理邱明正娓娓道來投入創業的初始。然而餐飲業種類如此多，因早餐營業時段相對固定，午後結束營業，不僅有自己的時間，也能達到陪伴家人的目的，促使邱明正毅然決定投身早餐市場。

整合中西餐飲特色，重新找到品牌的營運地位

創立前市場上早已有美而美、美芝城、麥味登等強勁對手，要如何突圍，考驗著邱明正。「那時在屏東的早餐走向兩極化選擇，不是取自環境老舊、價格便宜的傳統早餐店，就是高單價的輕食套餐。於是我思考著，若能在之間找到平衡，是否有機會可行？」整合兩者，融入西式盤餐飲食特色並將平均客單價提高一點點，同時也升級用餐環境與器皿，享用早餐只需銅板價，CP 值卻高出許多，這樣的策略出現奏效，不僅成功抓緊市場需求，也讓晨間廚房能跳脫傳統早餐的營運定位，使名聲逐步在南台灣傳開來。

目前晨間廚房西式早午餐在全省約有 400 家門市，邱明正坦言，原本沒預設做到這麼大的規模，但陸續接獲親戚朋友的委託，因此與創業夥伴黃義升共同開始啟了加盟模式，「不過，那時的體系還不算完整……」過去工作的經驗補強邱明正採購與管理，縱然單店經營都是賺錢，但餐飲經營還須顧及人力、物料、物流等面向，這些後援沒有一併跟上，擴張之路只是一條辛苦路。認清問題也確定要做加盟

攝影＿江建勳

後，2008 年邀請南台灣規模最大的「強匠冷凍食品公司」入股，完成冷凍食品生產線的建置，並進一步促成自製原物料能力，讓產品更具競爭性，同時間也將組織與人力建構到位，品牌發展連鎖模式更臻完整，於同年正式向全省開放加盟，一路從南向中、北部發展，逐步擴張到現在的規模數。

進軍大陸市場，從二、三線城市開始作為後續擴張後盾

再跨向國外也是個契機，緣起於連鎖加盟展上結識的中資企業希望爭取能在大陸廈門設點，邱明正說，跨國經營不比國內，先前建置連鎖加盟的經驗，讓他深知相關後備應援建置必需完善才能跨出那一步。「過程中足足談了一年多的時間，直到 2015 年才決定以合作方式進軍內地市場。」

相較於其他進軍大陸的經營思維，晨間廚房西式早午餐選擇以廈門為起步點，讓人好奇為何會以二、三線城市作為出發點？邱明正笑說，「其實是合作方本就在廈門、溫州一帶，自然從熟悉的環境出發。」「外來品牌要被市場接受，本就需要一點時間，若貿然進軍難度最高的一線城市，光開店成本很可能就不會成功；反觀選擇二、三線城市，開店成本相對低，且購買力使市場具上升空間，其實是有優勢的。」邱明正表示回頭看，當時選擇廈門為首波據點是對的，因當地消費型態與台灣接近，所推出的平價式餐點，也較能夠被當地人所接受。延續台灣發展連鎖品牌的模式，陸續建置位於大陸的營運總部與大陸物流中心，讓店能規模式的從廈門、溫州，再擴張至深圳等地。

晨間廚房西式早午餐的海外版圖除了大陸市場，也於 2020 年進行馬來西亞展店，希望將台灣味的早餐在各地飄香。

攝影＿江建勳

攝影＿江建勳

（左頁）鮮明的色系，給予人早午餐明亮、有活力的感覺。（右頁）此店依據坪數、環境條件，配置出內用與戶外座位區，讓消費者能隨喜好做選擇，在舒適無壓的環境下享用餐點。

讓味道忠於原創，又能貼近在地口味

引進韓國人氣吐司，
突圍台灣的早午餐市場

蜂巢生活餐飲股份有限公司
餐飲事業部執行長

林奕成

攝影＿ Peggy

● 現職	蜂巢生活餐飲股份有限公司 餐飲事業部執行長	
● 經歷	多年前將韓式料理引進台 灣，包含笨豬跳 Bungy Jump Korean BBQ、小日籽 韓食館、澄川黃鶴洞燒肉、 笑俱場等，試圖將不同的韓 國美食帶給國人。	

● 林奕成的營運心法：

\# 以還未被滿足的味道突圍市場。

\# 忠於原創同時也要能貼近在地。

\# 策略更臻完善後續才加速擴張。

2016 年挾帶高人氣光環的韓國連鎖早午餐品牌「ISAAC
愛時刻」，正式引進台灣，品牌經營絕不可只靠光環與人
氣，實際進入到台灣市場後，仍有就菜單結構、口味等做
了點調整，好讓整體忠於原創同時又能貼近在地。

　　隸屬於台灣比菲多集團的蜂巢生活餐飲股份有限公司，旗下擁有不少餐飲品
牌，所代理的 ISAAC 便是其中之一。多年前就不斷將韓式料理引進台灣的蜂巢
生活餐飲股份有限公司餐飲事業部執行長林奕成，發現到不少人造訪韓國必光顧
ISAAC，並品嚐它的人氣吐司系列，評估後認為有其市場發展性，便決定引進
台灣。

尋找還未被滿足的味道，不斷挑戰市場的可能性

　　一直不斷在觀察國內的飲食需求與變化的林奕成，發現到國人對於吐司類商品
頗為喜愛，就當時的市場而言，訴求「現煎、手作吐司」這塊仍有其缺口；再加上
經常往來、考察韓國當地餐飲的經驗，發現到 ISAAC 產品的獨特性，再加上品牌
相當具人氣，便決定代理品牌並引進台灣。

　　縱然 ISAAC 在韓國享有高知名度，但一個外來品牌進入到台灣市場，仍碰上
「品牌水土不服」的問題。林奕成說，韓國與台灣的早餐文化不同，韓國人習慣早
上以米飯作為主食，直到近年開始有年輕一代的人會選擇在外面買吐司、麵包，
或直接就以一杯咖啡、鮮果汁當作早餐；再者回溯當時 ISAAC 創立的時空背景，
品牌競爭者不多，反觀台灣的早餐文化就非常盛行，若仍要以複製方式作為市場競
爭，其實是相當具考驗的。「剛開始的確有著品牌光環，但光環一過考驗才真正開
始⋯⋯」他說著。

異國飲食要深化市場，口味必須符合在地化

　　的確，價格就是一大考驗。林奕成實際做了調查才知，原來自家產品在消費者眼中好吃又具競爭力，但礙於價格關係，無法天天上門光顧。他深入了解後才意識到，就 ISAAC 的定價在韓國本地而言是相對親民的，但一旦進入到台灣市場，原本的定價會被歸類在高價位，對於早餐價格敏感度較高的民眾來說，消費頻率自然就降低。於是，林奕成從菜單結構做調整，除了原本既有的 MVP 系列，另也提供了經典系列，後者價格相對親民，也能更被多數人接受。順應菜單結構的修正，客源也從早餐跨向早午餐，讓經營餐期能被拉長。

　　漂洋過海來的異國品牌要能征服國人，味道也是林奕成與團隊一直在努力的方向。為了讓產品味道忠於原創，奶油、醬料、酸黃瓜等皆從韓國空運來台，原以為原汁原味能被國人接受，沒想到過甜的口感，多少也成消費者無法天天品嚐的原因之一，他談到，「這多少也和國人享用早餐的習慣有關，多數人的早餐仍以鹹食為主，就算三明治裡頭抹上帶點甜味的美乃滋，其比例也不會過高，使餐點失去鹹味的口感。」在了解前因後果後，林奕成嘗試將醬料的使用比例做了調整，從原本比照韓國在吐司面抹上兩匙的程序，改為一匙半，經實際盲測結果，後者的口感與味道更為人們所接受。

　　雖然過去擁有引進韓式料理入台灣的經驗，但林奕成坦言，隨代理 ISAAC 品牌到踏入早餐領域後才發現到這市場的獨特之處，所以才會在引進後花了 1 ～ 2 年時間做策略上的修正，進而也才慢慢地從台北往台中發展，接下來南部的開店計畫也在醞釀中，預計今年在北中南各地還會陸續展店，好讓更多民眾品嚐到源於韓國的吐司滋味。

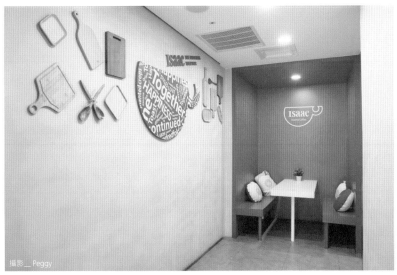

攝影＿ Peggy

攝影＿ Peggy

攝影＿ Peggy

（上＋左）ISAAC愛時刻專賣店從外觀到店舖設計，皆以紅白兩色來做營造，LOGO圖騰也作為點綴的元素，讓形象能與品牌更為相合。（右）MVP-本土產厚里肌豬肉三明治，使用本國產溫體豬肉，並搭配酸甜的蜂蜜芥末醬以及韓國直送醃黃瓜，口感鮮嫩、口味豐富且具層次。

秉持老厝邊精神，深耕在地力優勢

善用設計思維
替品牌注入新活水

揚秦國際企業股份有限公司
品牌部總監
翁浩軒

攝影＿＿江建勳

● **現職**	揚秦國際企業股份有限公司品牌部總監
● **經歷**	留學美國，日商廣告公司扎根，經歷過科技業與外商媒體，最後投入餐飲品牌行銷，將不同產業蓄積的能量注入於餐飲行銷中；過往經歷包含創建統籌啤酒品牌與經手新創公司品牌營運等實務經驗。

● **翁浩軒的營運心法：**

找出品牌在地優勢，定位市場差異價值。

導入設計思維策略，打破大眾固有印象。

善用當今科技媒介，跨域找出銷售破口。

文＿＿洪雅琪　攝影＿＿江建勳　資料暨圖片提供＿＿揚秦國際企業股份有限公司

一個品牌從創立、拓展，到擁有市場知名度，接著成為商業指標，這過程需要經歷多少關卡？又得顧及哪些層面？甚至當品牌面對轉型的陣痛期該如何處理？揚秦國際企業股份有限公司品牌部總監翁浩軒，同時也是為人熟知的「麥味登 MWD」（以下簡稱麥味登）品牌管理者，他以這成立 33 年的資深品牌為例，分享其是如何運用設計思維重新出擊，與團隊共同達成上百家門市的轉型成功。

　　肩負品牌部總監的職位，翁浩軒觸及領域包含公關、企劃、設計與社群等範疇，其各種決策皆影響著品牌走向，進而影響大眾市場觀感。2014 年，麥味登經營團隊再度將品牌設計思維全面提升，包含企業識別系統（CIS）與空間，皆提出更具高度的嶄新體驗，並拋出趨勢性的觀念，如推廣環保餐具的重要性等。直至今年，麥味登仍持續運用設計思維對市場拋出新革命，藉由每次沉穩的出擊，打中消費者內心需求。

運用全新識別與大眾對話，創造老品牌新感受

　　作為老字號品牌，CIS 的改變不僅單純是提升美感，更代表品牌在內部營運策略，面臨到需要重新調整的時機。從 2001 年開始，包括麥味登，整個早餐產業都面臨到諸多狀況，首先是週休二日制度全面實施，影響國人工作型態，讓原本僅提供傳統早餐的麥味登逐漸流失部分客群；再者，其他餐飲集團也開始瓜分早餐市場這塊大餅，包含便利商店帶起鮮食風潮，便利的服務模式改變消費者用餐習慣；速食業者也接連推出自家平價早餐，滿足快速變化的大眾口味，種種市場變化讓麥味登了解，必須先停下快速展店的步伐，思考大環境的改變，善用品牌長年累積的在地優勢，進而重新找到市場定位。

　　直至 2014 年，煥然一新的麥味登 LOGO 首度嶄露於街頭，揮別過往的鮮明高彩度，取而代之是以大地綠勾勒整體線條與造型，翁浩軒說道，掌握「概念聚焦」與「簡潔視覺」是 CIS 的基本原則，因此這套 LOGO 不僅為了美觀，還透露著品牌的新定位，從 1987 年以 2 個小印地安人圖案，表達夫妻一起創業的理想，到後

圖片提供＿楬泰國際企業股份有限公司

期演變成漢堡的圖形，象徵著跨域到速食的時代，到如今僅保留麥味登最大的特色——「老厝邊熟悉的微笑」，深根在地與用心聆聽需求，這才是他人取代不了的麥味登價值，因此，新 LOGO 整體像是一個圓，圓滿的形狀彷彿一抹微笑，代表「只要您需要，麥味登遠在這微笑服務您。」的概念；另在 LOGO 下方標註「Cafe & Brunch」清楚向市場宣示，麥味登已經不是傳統早餐店，更是全方面提升到咖啡領域與早午餐市場，蛻變成新形態的餐飲服務。

敏銳觀察市場趨勢，抓住每一次與大眾接觸的機會

面對變化多端的市場，品牌經營不能只待在同溫層，更須跨出舒適圈，找尋廣大的潛在客群，對此，異業合作正是麥味登目前積極進行的模式，像是與運動 App 合作，消費者可藉由走路累積點數，而點數可以到麥味登門市兌換餐點；又或是將會員制的 App 大數據整合，讓軟體不僅提供基本的快速叫餐服務，更能從中分析顧客的消費模式，進而找出有機會異業合作的民生類型 App，藉由多元的網路平台，提高大眾與麥味登接觸的機會。

「改變並非一蹴可幾，每個計畫前期必定經歷長期的研究與討論，即便市場再多變、同業再競爭，總部的每個決策出發點並非與人比較，而是思索如何更精進我們的品質，卻又保留著品牌的創始初衷——老厝邊的精神，而那是數十年累積的人情味，也是麥味登最寶貴的核心價值。」透過每一次勇於改變的自我要求，傳統早餐起家的麥味登，成功跨渡至新一代的餐飲領域，開拓出專屬的新台灣經濟美食指標。

攝影＿江建勳

攝影＿江建勳

（左頁）麥味登抓住市場癢點，拋出「新台灣味」的價值，其中針對包材進行升級，讓一次性的成本擁有更好的廣告效益。首先，包材顏色變得更鮮豔，透過鮮明的配色衝擊消費者視覺，加深品牌印象；再者，加入台灣獨有的元素點綴，像是老式鐵窗上的秋海棠紋路；最後，則是在包材印上即時打氣小語，令人會心一笑，也會對品牌更備感親切。（右頁）在設計思維導入之下，麥味登將視覺整合套用在空間規劃上，讓消費者內用時，可透過手上的餐點與室內軟裝，全方面體驗品牌轉型後的美學態度。

優化服務力、商品力、活動力，有效深化客群

穩紮穩打、鞏固既有品牌魅力

the Diner 樂子
營運長
杜湘怡

攝影＿江建勳

● 現職	the Diner 樂子營運長
● 經歷	1996 ～ 2001 年 TGI FRIDAYS 星期五餐廳開店訓練員；2004 年 澳美客牛排館外場副理；2006 ～迄今 創立 the Diner 樂子餐廳

● 杜湘怡的營運心法：

未來展店面鎖定在商場店，讓人潮帶來錢潮。

提出晉升制度，降低人才流動率。

與 LINE@ 生活圈合作建立會員系統，有效深化客群。

標榜省下飛機票，就能吃到正統美式早餐的「the Diner 樂子」創立 14 年，是許多早午餐愛好者心中難以取代的經典老字號。從台北市瑞安街發跡，如今全台已有 4 間店鋪，面對趨於飽和的早午餐市場，該如何在紅海當中突破重圍，找到延續品牌的立基點？

曾就讀餐飲科系的營運長杜湘怡，大學之後進入美式餐廳——TGI FRIDAYS 星期五餐廳打工，其中將近 5 年的時間都在餐飲業打轉，發現自己始終保有對餐飲服務業的熱情，看著身邊朋友陸續開咖啡廳、酒吧，同時觀察到 2006 年早午餐正要起飛的商機，與同是廚師的先生劉世偉決定放手一搏，開設第一間 the Diner 樂子（以下簡稱樂子）。

目前樂子分別在台北創立 3 間以及新竹 1 間的分店，最初的店鋪選址是以租金低、周圍有來台學中文的外國人為首要考量，瑞安街周圍不但有文化大學推廣部的學生，還有部分師範大學的學生會住在附近，種種考量之下，成了樂子的起家厝。信義旗艦店則是 ATT 4 FUN 招商時希望與樂子合作，信義區的人潮眾多，往來的人流也帶動了錢潮，業績相當不錯。

提出晉升制度，降低人才流動率

開店怎麼可能不受挫？談到經營品牌的挫折，杜湘怡苦笑道：「一般來說，餐飲業只要提供美食，業績通常不會太差，比較讓人疲憊的是反而是人事流動，大約每 3 年都會經歷一次人事大異動，雖然很煩惱，但還是必須面對、解決這些問題。」她下定決心正視這個問題，為了因應人事流動快速，而影響店面營運力，2019 年 6 月正式招募人資經理來管理徵才、加退勞健保險、建教合作、內部約談等相關事宜，短短 8 個月內，有效改善人力經常出現短缺的問題。針對留住優秀人才的規劃，則提出晉升制度，讓長年工作於此的員工，能有步步往上爬的依循目標，提升資深人員的留任率。

最貴也是學習最多的越南展店經驗

　　初期樂子的成立資本額 NT.300 萬元是用房屋抵押貸款，但後期的店面不論是坪數或裝修，動輒都是上千萬的資金，不僅將手頭上賺來的錢，再度投資到公司，也額外去找股東籌備足夠的資金。

　　不過，杜湘怡也坦言投資真的不容易，前年與劉世偉自行出資進軍越南開店，過程中與當地團隊合作愉快，也學到在台灣展店無法自學的經營模式，然而，因為錯估越南的市場接受度，開了一年之後倒店，賠了幾百萬元，「在國外很難界定樂子的定位，我們是台灣人開的美式餐廳，卻連一道台式料理都沒有，導致營運狀況不佳，這真是一次很貴的經驗。」杜湘怡解釋。個性樂觀的她，每次在遇到挫折時，都能將失敗轉化為成長的養分，未來不排斥海外展店以加盟的方式打開國際知名度，單單提供技術、SOP、菜單等，讓加盟者能直接在當地找食材供應商，或許也不失為一個前進海外的方法。不過，她也不斷提醒自己，往後需要做重要決定前，一定要多方思考，別再衝動行事。

建立會員系統，鼓勵服務生與客人建立關係

　　鼓勵服務生與客人聊天，藉由聊天當中理解客人對餐點的喜好，再客製化成對方喜歡的熟度、酥脆度等，提高來客的回流率，並在月會上交流當月認識的熟客，讓他們每次來到樂子都至少有一位認識的服務生，不定期以送飲品或點新的方式，享受 VIP 待遇。今年更與 LINE@ 生活圈合作，根據客人的屬性、生日，促使會員活動更在地化、個人化，在對的市場找到對的客戶，有效達到精準行銷。此外，與家樂氏、偉士牌等多元品牌聯名，將玉米片入菜，或以菜的顏色配搭品牌推出新款顏色的機車，打響彼此知名度。對於未來的品牌走向，杜湘怡希望能透過更多跨領域的合作，拓展更多意想不到的新客群。

第一張圖是位於商場內的the Diner牌子，目前營運相當穩定，也讓社團的注意力未來朝逢量或商場店為主。

攝影__ Amily

真芳碳烤吐司
創辦人
張文哲

保留小時候，單純的味道

從食材原料把關，
用台灣古早味傳遞在地精神

● 現職　真芳碳烤吐司創辦人
● 經歷　2013 ～ 2015 年澳洲蔬果包
　　　　裝廠；2015 年回台創立真芳
　　　　信義店；2017 年創立真芳民
　　　　生店；2018 年創立真芳大安
　　　　店；2020 年與 7-ELEVEN 合
　　　　作獨家商品。

● 張文哲的營運心法：

找尋相同理念與價值的食材供應商。

推廣台灣文化，用觀光角度切入餐飲事業。

#「方便、快速、安心」，揉合古法製成的創
　新經營模式。

原本在台灣從事導遊工作，後來去了澳洲打工，工作之餘在大城市內吃喝玩樂，邊玩邊記錄，計畫著以後怎麼帶團玩⋯⋯2015 年回到台灣後，當時的老闆鼓勵我說，你是做導遊的料，但你還年輕，要不要先去做些其他事情來累積人生經驗。」「真芳碳烤吐司」創辦人張文哲選擇從記憶中的早餐味道出發，從中創造感動體驗，讓顧客一再回味。

　　「我知道自己有無限可能！」77 年次的張文哲於 2015 年在台北信義區創立了第一家真芳碳烤吐司（以下簡稱真芳），至今已展了 4 家店，並進駐誠品生活南西店。創業之前，張文哲與餐飲觀光業的淵源從連鎖牛排館至熱炒店等，並且從事過導遊工作，能窺見其人格特質的熱忱好客與細心謹慎，遠赴澳洲打工的經驗，也是他的創業轉捩點，「在澳洲的期間，我從事當地農業包裝工廠的工作，從最初期農產品搬運、蔬果包裝、管理產線到訓練 Backpacker 的過程，給我衝擊很深。」

嚴選食材供應商，揉合古法製成新味蕾

　　澳洲的經歷讓他體認到規模農業是相當專業的，完整產銷履歷鏈當從源頭開始，對土地保護、產出的食材優良，採摘過程甚至最後產線運送的嚴謹，消費者拿到就絕對是最新鮮，這才會是解決所有食安問題的方式，所以在創業過程中，他也會找尋有同樣價值使命感的供應商成為夥伴，並且帶團隊到原物料牧場、農場深入了解原料產出過程。

　　回到台灣後，出身於屏東的他，從小吃到大的早餐店即將歇業，張文哲心想，「若不將這味道留下，這味道就會消失了。」對他來說，味覺的記憶代表對生活的回憶，當下就決定要學習並傳承，也成為創業契機，想將自己喜愛的南部古早味讓更多北部朋友知道。張文哲認為早餐的核心價值就在於「方便、快速、安心」，所以首先在商品思考面來說，他讓主要商品販售單純化，出餐效率自然提高一如手打豬肉，每日自製美乃滋三明治、台式粉漿蛋餅、紅茶牛奶等；為何會選擇碳烤土司呢？張文哲補充說，「其一，早餐業是相對剛性的市場，選擇吐司是大部分的人最

攝影——Amily

易接受的早餐，因為不一定每天都想吃鐵板麵，三明治相對輕鬆，且當食材維持新鮮與適當的保水度，口感就會柔軟，那吃起來也就不會造成身體上的負擔；其二，他認為直接掌握精準火候能最快讓土司烤好，所以在技術上與一般放置於烤箱內方式不同，採用了特製的碳烤爐。」除此之外，蛋餅則以粉漿做成餅皮保留古早的脆皮味、選用鮮乳坊牛奶積極和在地小農合作，他致力想用最道地的口感來保留傳統的文化。

記憶中的味蕾，傳承早餐店的味道

「味道的記憶是不太會被改變的……」張文哲傳承了在南部從小吃到大的早餐店口感，並結合新型態的經營想法在北部發揚。提及印象深刻的事情，張文哲分享道，位於信義區的店家鄰近松山高中旁，已經開了一段時間，有學生從高一開始，吃到高二、高三畢業，到南部讀大學，回到台北還是要吃真芳，這就會讓自己很感動，也因此相信，記憶是可以傳承且真的能被保留。

創業至今，張文哲始終不忘自己的初衷，對有意想開早餐店的人，他認為最重要的唯有做足功課、判斷市場，「先去吃 100 間早餐店再來」，他自己都吃了超過 300 間早餐店，當實際看過嚐過之後，並從店鋪選址位置、工作效率優化、食材口味的差異去拆解，才能知道自己擁有的武器是什麼、利潤空間在哪裡、搭配商品可否模組化等，讓滿懷熱血有發揮的力量也不至於處處碰壁。

攝影＿Amily

圖片提供＿真芳碳烤吐司

（左頁）主要明星商品為炭燒的軟式奶醬蛋餅，吃起來Q彈爽口。（上）店內明亮的木質色系空間設計主軸，演繹著一種清新。（下）團隊將至牧場尋食材溯源，做早餐所需地的材料，讓農家到知道他們所生產出來的牛奶如何運用在早午餐當中。

不斷創新 Bean-to-Cup 的演繹呈現

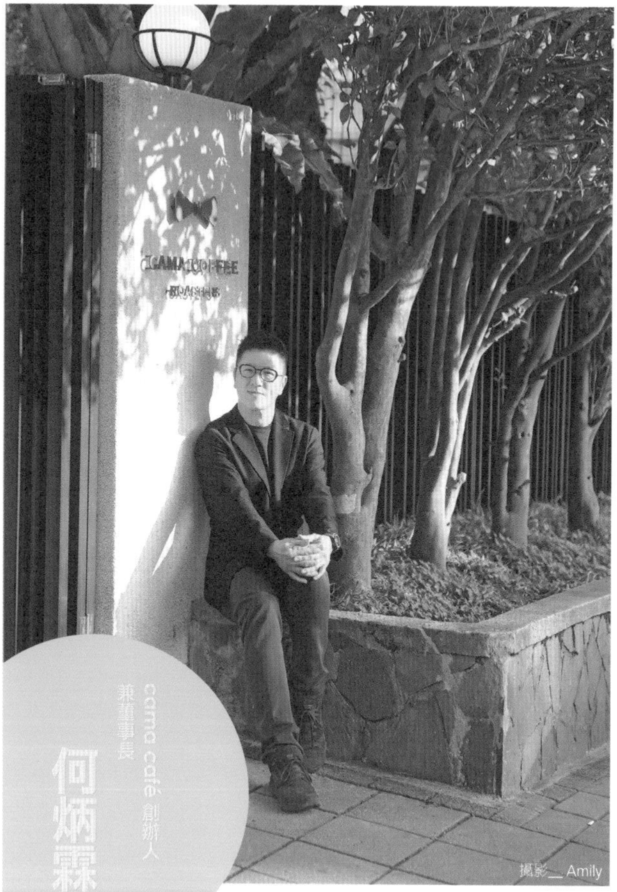

延續品牌 DNA 結合餐與飲的體驗

攝影＿Amily

cama café 創辦人
兼董事長
何炳霖

| 現職 | cama café 創辦人兼董事長 |
| 經歷 | CQI 咖啡評鑑杯測師、SCA 認證烘焙師、SCA 認證講師、SCA 認正義式咖啡師，創辦 cama café 之前在廣告行銷領域超過 18 年。 |

何炳霖的營運心法：

品牌個性會吸引氣質契合的員工與顧客，想那麼收穫，先這麼栽。

開發 APP 解決跨店購、線上線下串連的問題內部解決，讓顧客便利。

不同通路做出產品區隔，吸引不同圈子的顧客認識品牌。

從品牌創立之初就明確定位為「現烘咖啡專門店」，鎖定上班族為目標客群，以現烘、平價、外帶市場定位滿足快步調的都會生活，並成立 cama 咖啡研究室，把關出品咖啡的質量，13 年來在激烈的咖啡市場取得一席之地。在其它咖啡品牌跨足早餐或革新店型搶市之際，cama café 也在醞釀下一波能量，從老屋與文化切入慢步調生活，在陽明山最美咖啡秘境吃早午餐，已成為新一波網美打卡熱點，更召喚出許多忠實顧客上山一探究竟。

　　堅持做好一件事，如何從一句口號，落實成為消費者有感的體驗？深耕台灣超過 13 年，也是全球現烘咖啡連鎖品牌家數最多的 cama café，不論是直營或加盟店，透過店型設計與流程規劃，在每家店內演繹從一顆生豆到一杯咖啡（Bean-to-Cup）的過程，顧客到店可看到手工挑豆、得宜烘焙、即時研磨、黃金萃取、吧台手藝，藉由視覺、嗅覺、聽覺、觸覺與味覺交織的五感體驗，傳遞看似抽象的品牌核心精神，讓消費者具體感受得到。

打造最美咖啡秘境，悠閒享受逗留時光

　　創辦人兼董事長何炳霖在創立 cama café 前是資深廣告行銷人，他認為品牌和人一樣有個性，而且深受主事者背景與性格的影響，在不斷鑽研咖啡專業之外，也透過自創 IP Beano 公仔的變裝與跨界合作，不斷尋找新的咖啡創意來源，也增加話題性與吸睛度。因此在 cama café 一代店站穩之後，他與營運團隊一直在思考下一代店型的樣貌，相對於都會的講效率快節奏，有沒有可能慢下來，在蘊含人文歷史的空間中，讓顧客能夠長時間逗留，更完整體驗 Bean-to-Cup 的過程，而且 cama café 的忠實顧客中，為數不少都是業餘咖啡專家或愛好者，也回應第四波咖啡浪潮，將專業咖啡師與消費者的距離再拉近。

　　在尋覓空間的過程中，有故事的老屋成為標的，最後在台北市文化局的媒合下，透過「老房子文化運動 2.0」標下台灣省政府「農林廳林業試驗所轄管廳舍」5 年的使用權，從空間所在基地條件與 cama café 的核心價值，投入人力、斥資 NT.3 千萬元建構品牌旗艦店，何炳霖說：「當時開門進來一看就決定要投標，

還沒細想思考投資報酬率、是否能回本。在接近 3 年的設計規劃、建物修繕、品牌建構、營運設定等過程，不斷來回調整，新店型的輪廓才日漸清晰。」

因應商圈消費特性，首度跨足餐飲領域

何炳霖分享，在調查商圈與該地區客群行為分析後發現，格致路與菁山路一帶是陽明山上的交通中繼點，同時也是餐廳集市聚集區域，加上客群多為目的性消費，多為專程前來，因此開始思考除了咖啡飲品之外的餐點選項，從慢步調延伸到早午餐型態輕食，最初店內的餐點，是以咖啡為核心研發，有點轉用法式料理以葡萄酒為核心研發菜單的概念，旗艦店則是以咖啡出發，研發搭配的餐食，特別請到曾任五星飯店的主廚做顧問，規劃菜單與出餐流程。

cama 在咖啡經營很有經驗，相關訓練完整而紮實，但對廚房做餐領域就是新手，因此在教育培訓上花了不少心力，除擬定廚房的 SOP 並做任務切割，從直營店門市輪調來學習的同仁，也在適應與一般門店待客的差異，如何從專業的咖啡師，轉換角色為專業的前場服務人員或後場的廚房人員，是一大考驗！為了讓店內運作能順利，光是內部試營運就花了 3 個月，正式對外營運那天是個陰雨天，原本就擔心天候與交通影響來客率，沒想到不但當天門庭若市，正式營運後幾乎天天一位難求，除了慕名而來的人之外，讓何炳霖最感動的是特地上山來看 cama 新作的忠實顧客，從其它縣市來不說，還有第一次來沒位置再找時間光顧的深刻連結。

沉浸式咖啡五感體驗，給消費者豐富又便利的服務

「CAMA COFFEE ROASTERS 豆留森林」是目前品牌中唯一能體驗咖啡烘豆課程的店，打造出強調「咖啡五感 + 沉浸式體驗」的烘豆教室專區，並設計烘豆課程，帶領消費者了解從一個生豆，到一杯咖啡的烘豆過程，以往在門市看到咖啡師做的事，實際親自動手做過一遍，更能了解箇中專業與知識深度，未來何炳霖也希望透過直營方式，將 CAMA COFFEE ROASTERS 豆留森林這個品牌，推展至其它縣市有文化有故事的老屋中發生。企業除了獲利之外，更要與時俱進，不但往前、還要往上走，cama café 從服務消費者出發，結合數位工具 APP、即將推出的二代店、大咖會員的培養，讓咖啡深入生活，成為創意靈感來源和推動進步的原力。

攝影＿Amily

攝影＿Amily

攝影＿Amily

（上）集結了堅強的專業團隊，在陽明山上打造出全新旗艦店CAMA
COFFEE ROASTERS豆留森林，以森林的概念，全新演繹cama café下
班後的優活自在。（左）主序為和洋折衷式建築，在修復後的歷史建
物中品嘗精品咖啡與花式特調，提供與一般門店不同的品飲及用餐體
驗。（右）在一般門市不易推廣的特調商品，在旗艦店的氛圍下品飲
更有風味，經典華麗升級「嚴選帽子拿鐵」將精品義式濃縮咖啡倒入
時，奶蓋浮起就像魔術師變出一頂高帽子，讓顧客體驗味覺與視覺的
雙重饗宴。

補充同類型店一直忽略的市場空缺

全日供應現作餐點與顧客共享空間

覺旅咖啡 Journey Kaffe
創辦人
張書豪

攝影＿Amily

● 現職	覺旅咖啡 Journey Kaffe 創辦人	
● 經歷	淡江大學土木系所畢業，企業遊戲化管理實踐者。	

● 張書豪的營運心法：

以正和多贏的策略，補充現況市場空缺。

接受改變不了的條件，不要逆勢而為。

遊戲化管理之外，顧客體驗也能遊戲化。

在選擇目標市場或面臨同業競爭，可以採取贏過對手的零和策略，瓜分一個現有市場；也可選擇補充對手不足的正和策略，把整體市場做大。10 年前咖啡館、早午餐這兩個看似獨立的業態，在正好結束連鎖餐飲品牌加盟主身分的張書豪眼中，看到的是一個被忽略客群的需求：既愛又需要長時間泡在咖啡館，同時也有餐飲的需求，於是建構出紅了 10 年卻只開了兩家店的「覺旅咖啡 Journey Kaffe」（以下簡稱覺旅咖啡）。

創業的理性與感性，經常在老闆心中天平的兩端擺盪，覺旅咖啡創辦人張書豪謙虛的說自己在創業的途中，其實不斷在「破心魔」，運用理性的態度和方法來梳理感性面的想望與痛點，藉由命題與解題的過程，無論是對內部員工的管理或是對顧客需求的滿足，皆以持續「迭代改版」的遊戲化管理機制，在看似重複循環的餐飲服務業態中累積前進，以相對較低的風險趨近目標。

找出客人奇怪行為背後的原因

「開第一家店的時候，其實是從自身的經驗中發現這個缺口，」張書豪提到自己很喜歡咖啡館的氛圍，有段時間經常待在咖啡館處理工作，時間一長就發現當時的咖啡館餐飲選項有限，如果跨到用餐時段，只有三明治麵包或微波餐點可選，想待久一點再續點飲料時，幾乎都是含咖啡因的飲品，一天喝上 2～3 杯就會心悸，再者是當時電池續航力不如今日，wi-fi 也尚有網速與普及率的問題，如果帶著筆電在咖啡館工作，沒搶到有插座與網路的座位，就要再去下一家碰運氣。有一次在咖啡館看到一個年輕人自備延長線插筆電，還問他要不要一起用的當下，便讓他思索這些當時的咖啡館無法滿足的需求，究竟有沒有解方？

張書豪提到自己不是餐飲專業出身，因此十分了解不該也無法與具有雄厚餐飲專業背景的店競爭，覺旅咖啡西湖店的企劃設定，便是從與他同樣困擾的消費者切入，重新定義出一種類型的咖啡館／早午餐店：餐點方面除了咖啡、花果茶也有水果飲品，全日供餐，開放廚房現做餐點，天然食材少加工品吃進能量與營養，餐點形式方便食用；體驗方面提供舒適有彈性的空間座位，100% 座位都配有插座，插座網路免費使用，待一整天也不趕人。

顧客是主角，平衡體驗感受與成本投入

「以客為尊」人人會說，但對老闆來說真心很難。不問鉅細凡事都為顧客考慮，有時候對方不見得領情，多做的沒做好還要受怪罪，而且開門做生意不能不考慮損益。在開店的經驗中，張書豪認為要在顧客的體驗中留下關鍵「記憶點」，他運用峰終理論（Peak-End Rule）的概念，回溯顧客來店的消費行為旅程，在最容易記得兩個時間點：體驗的高潮（峰）和結束（終），於「關鍵時刻」創造美好體驗，而其他在過程中好與不好體驗的比重、時間長短，其實並不會留下太多記憶。

因此對空間的處理，張書豪自認沒有什麼亮眼的設計，同樣是把顧客的需要放在第一位，從機能出發做規劃，因此牆面幾乎素淨沒什麼裝飾，但提供活動矮凳沙發及閱讀燈解決顧客長時間使用的置物、照明需求，開放的空間感大面的窗景紓解久坐的壓力，並且給予顧客相當的自主權，讓他們待在店裡感到自在，而不需要被店家的規定限制，而是與顧客共享空間，讓他們在此進行各式各樣的創作，培養忠實常客之外更自願自發為店家宣傳推薦。

遊戲化管理做好做壞都能被看見

從自身經驗發現問題，觀察客人的奇怪行為，是覺旅咖啡每一天每個工作人員的日常工作，有時候新服務或新產品的開發，就從這些收集來的痛點得到靈感，然而並不是所有的痛點都需要被解決，不論是產品或服務，都必須經過篩選，將資源重點投入，透過持續不斷的「迭代改版」，快速修正，不斷優化，這也有賴團隊中不同專長的角色共同集思廣益。

服務業的人才養成不易眾所周知，日復一日的重覆加上各式各樣的突發狀況，只靠 SOP 是不足的，但沒有 SOP 更加危險！想要布達命令或開會，排班制的工作型態幾乎不可能全員到齊，表現好或做得差也容易被忽略，這些都造成管理上的困難，因此覺旅咖啡採用遊戲化管理，每個員工就像遊戲中的角色一樣，一開始等級最低，經過關卡考驗後就能升級晉階，過程中也逐步找出自己的屬性路線，一年有四個賽季，每個人都必然參賽，可以選擇參加「保位賽」或「挑戰賽」，保位賽要能徹底執行該等級人才的 SOP，挑戰賽要晉級，除了掌握 SOP 還要具備 S-O-R（Stimulus-Organism-Response model）的應變力，賽況每天都在公司的 Line 群組「直播」，當天員工的表現，主管在群組中發布，做得好、做不好都會被全公司看見，有獎有懲，員工才知道往哪個方向努力。經過 10 年磨練，覺旅咖啡依然廣受舊雨新知支持，未來張書豪也希望能做出這個業態的領導品牌，走出內湖，與更多消費者接觸互動。

攝影＿Amily

攝影＿Amily

攝影＿Amily

（上）顧客是空間的主角，因此設計規劃把合籍
客體驗放置於前，將有趣的氛圍投入在令人有感的記
憶點。（左）肉中帶蔬菜，搭配蔬菜小水煎，是
在客自然與自在享製作的能量感豐早午餐。
（右）第二本經營咖啡，○○○米店供給了在店的
午餐，地史多元化，讓午餐還完自好嘗作不
美防不厭的問題。

找出品牌定位延伸設計脈絡，創造與眾不同

經營形式決定空間規劃的細微差異

兩個八月創意總監
盧衫雲（右）
莊瑞豪（左）

圖片提供＿兩個八月

● **現職**　兩個八月創意設計創意總監
● **經歷**　莊瑞豪（左）日本武藏野美術大學視覺傳達設計研究所畢業。盧衫雲（右）日本多摩美術大學 Graphic Design 學系畢業。

● **兩個八月的營運心法：**

\# 找出品牌定位，依序發展店名、LOGO 與空間設計，才會做出與眾不同的差異。

\# 店名須考量視覺與聽覺，避免中文直譯英文，英文大小寫與字體形式須扣合品牌定位。

\# 經營形式、內用或外帶比例影響動線的規劃與座席區配比。

早午餐空間設計須從內用、外帶比例，以及餐點提供的種類構思包括吧台、廚房與座位區的配比和動線安排，外帶為主建議櫃台離門口近一些，而風格設定則須緊扣品牌定位，結合整體性的 LOGO 與命名，就能做出與眾不同的樣貌。

　　這幾年來，不只是傳統連鎖早餐店轉型，許多獨立型早午餐店的空間型態也正在轉變當中，兩個八月認為，新一代創業年輕人思維模式早已跳脫傳統，懂得重新看待自身文化，以嶄新的方式呈現給消費大眾。負責過數間不同餐飲的品牌與空間規劃，兩個八月提及不論是早午餐或是其他餐飲業種的新品牌成立，最重要的關鍵莫過於「品牌定位」，所謂品牌定位包含想要給人的感覺、店鋪想傳達的風貌與個性為何、提供的是什麼樣的餐點，當這些脈絡被歸納整理出來，往下所延伸的店名、LOGO、空間設計等設計彼此具有連貫性、統整性，也才會創造出與眾不同的特點。

以品牌定位為脈絡軸心，發展店名、空間與餐盤搭配
　　以兩個八月規劃的早午餐店「松果院子」為例，當時便定位在社區型餐廳、目標族群是家庭親友聚會，希望提供小巧溫馨、輕鬆用餐的氛圍，品牌定位確立之後，進一步開始構思店名、LOGO 設計，這兩者通常環環相扣，也有許多細微之處需要注意。一開始松果院子店主曾提及想要以「皮諾丘」為命名，「皮諾丘是兒童文學作品《木偶奇遇記》的主角，從著作權角度來說無法註冊使用，」創意總監莊瑞豪說道，於是兩個八月轉而以皮諾丘原文義大利語「pinolo」——松果，結合店址座落於綠意環繞的富錦街，期盼將人聚集於此，遂衍生「松果院子」，店內的空間裝潢也自然緊扣「院子、綠意」為主軸，透過質樸的素材、溫潤的木頭，營造出三戶人家與戶外院子的雙重氣氛，甚至於餐盤器皿的選用同樣以簡約樸實的質感、色調發展，與整體品牌定位、早午餐所訴求的健康概念更為吻合。

　　而關於品牌的命名，必須考量視覺、聽覺兩個層面，通常建議中英文並存，對於觀光客或是品牌未來走出國際更為友善，同時避免直接以中文直譯英文，可能面臨英語系客人無法閱讀的問題，再者是字體呈現的方式，全小寫英文予人輕鬆無壓的感覺、全大寫則是較為正式穩重，松果院子的英文設定開頭大寫、其餘小寫，則是設計師們希望在放鬆之餘，保有松果院子本身對於餐飲的專業度，中文字體為線條看似隨興的手寫字體，回應到品牌訴求的悠閒用餐調性。

　　針對分店取名的思考，兩個八月認為可以分成兩個方向來討論，一種是品牌走向為連鎖型態，簡單以〇〇分店做出區分，另一種是獨立店型模式，多半會依據地域性、餐點的差異、地域族群的差異重新設定，甚至牽涉裝修風格。前者要注意的是，自家品牌分店瓜分市場，然而能夠大量複製，卻也是快速展店的便利性，後者則是屬於喜歡創造新事物的主事者傾向的做法，但裝修成本相對也會提高。

內用／外帶、餐點型態影響空間的細微設計

　　從空間設計來說，獨立型態的早午餐店，又可以劃分出單純早餐、咖啡館販售輕食、早午餐氛圍強過於咖啡等不同經營模式，在於空間規劃上也會有些微的差異，倘若品牌定位是咖啡為主軸、早午餐餐點為輔，空間氛圍設定多半會朝向人文、靜謐，且餐桌尺寸可以稍微縮小一點，但如果定位很明確是早午餐，因應餐點內容多為套餐形式，同時還有加點的選擇，桌面尺寸應放大些許，兩個八月創意設計說道。

　　除此之外，早午餐的空間設計也得從外帶、內用比例來看，以松果院子為例，品牌定位為內用型西式早午餐，吧台、廚房規劃於空間最內部，也由於早午餐餐點種類包含麵包套餐、義大利麵等，廚房必須是獨立形式隔絕味道與油煙，同時也要思考當客席區全滿的狀態之下，爐具、設備需要配置的數量多寡，進而預留出適當尺度的廚房空間。若是以外帶形式為主的早餐、早午餐，點餐／吧台則建議盡可能離入口動線越近越好，方便客人迅速點完帶走，另外，座位數的坪效配比重要性相對也會低於內用型早午餐。

（左上）松果院子的LOGO設計結合中英文意義，常看得到的色彩用在字帶，如松果堅果掉落下的圖像，手寫字體又人的溫度，也同時早午餐品牌所傳給予客人的感受。（右上＋下）空間營造緊扣院子與自然意象，巧妙表現出三十人座與整理的戶外用餐氣氛，上半段保持自然採光感的通光，拉大座位的質感，三十人的空間氛圍帶給客人悠閒舒的自在木調材質。

透過設計共同把品牌價值發揮到最大

把消費者的「在意點」化作開店關鍵

3+2 Design Studio
設計總監（右圖前排蹲者）
謝易成

圖片提供__ 3+2 Design Studio

現職　3+2 Design Studio 設計總監

經歷　3+2 DesignStudio 成立於 2009 年，作品獲得多國設計獎肯定，包含：日本 Good Design Award、德國 Red Dot Design Award、德國 iF DESIGN AWARD、美國 International Design Excellence Awards、美國 IDA Design Award、台灣金點設計獎……等。

謝易成的營運心法：

留心消費者的在意點，將成開店關鍵。

善用設計讓人能真正感受到品牌價值。

擬定自我企圖，這決定品牌未來發展。

這幾年台灣的創業風氣愈來愈盛行，其中餐飲業更是受到青睞，促使許多年輕人紛紛投入開店創業、建立屬於自己的品牌。擅於替品牌從形象策略、包裝設計、產品整合到商業空間設計做一系列完整規劃的 3+2 Design Studio 設計總監謝易成認為，正因市場競爭越趨激烈，創業者必須先找出自我優勢，再運用設計把品牌價值發揮到最大。

　　謝易成觀察，現在的年輕人敢於創新與嘗試，懂得利用身邊擁有的資源投入創業並建立屬於自己的品牌。他認為無論投入哪種類別，在創立前應先做好事前的思考，以利後續品牌的規劃，不僅能找到自己的市場定位，也才能藉由設計把這樣的精神加以表述，好與其他競爭者做出差異。

開店要記得掌握好消費者的「在意點」

　　對於開店創業，謝易成提出 5 項要點建議，包含餐點、賣點、地點、熱點、記憶點，若能好好把握住這幾個消費者的「在意點」，店鋪、品牌就有機會在顧客心中留下印象。

　　「餐點」即要找出所要販售餐食的過人之處，用食材特殊性描繪輪廓，區隔市場也創造差異；商品輪廓有了後，便是要找出產品的「賣點」，一種只有你有、別人沒有的特點，如食材取自在地小農、每天新鮮配送，透過小量生產與新鮮建立出自己的品牌價值，也建構顧客心中深刻的印象；找到產品賣點後則是選定市場，即「地點」的考量，依據產品找到適合的市場，就可發展機會加以著墨；再者是「熱點」，這偏向是針對區域環境、消費型態、客群等所做出的回應，例如因應區域的消費需求，將銷售時段做彈性的延長，藉由好感度轉化成消費熱度，讓顧客願意常上門光顧；最後則是「記憶點」，碎片化時代下，對新成立的品牌而言，要能夠找出吸引消費者眼球的點，產品本身、外盒包裝、店鋪設計等都可以成為留下記憶的點，只要能被記住，後續就有機會再藉由他們散播出去，把品牌力量發揮到更大。

　　謝易成以剛完成的「Mr. Kuoi」案例加以說明，其業主本身就有飲品經營的經驗，要如何突圍雲林麥寮在地市場，成為開店建立品牌的最大課題，最終以「在地最美的一家店」作為核心，提供在地人在飲品消費上的新選擇，以橙黃色視覺佐以自然清新的裝潢風格，一眼就能緊抓住消費者的好奇心及眼球，再加上店內佈滿新鮮水果的陳列，呼應品牌新鮮水果飲的宗旨，透過設計把消費者的「在意點」均呈現其中，也成功在地方上造成話題。

　　回到早午餐的經營，謝易成認為其販售屬性又更加特別，建議除了提出與眾不同的餐點與服務外，另也可以透過設計在包裝、空間方面做加強，例如以獨特的盒裝設計回應早午餐外送需求，其不只擁有特殊的開闔方式，打開裡面還有特別的小驚喜，這些看似細微的設計，都能強化消費者對品牌的印象與好感度。

把握創業前期，預先多做設想

　　另外，謝易成認為開店創業、建立品牌的過程中，「自我企圖」相當重要，因為這不僅代表個人對一間店、一個品牌經營的企圖心，更關乎未來要將品牌建立到何種規模、甚至帶向何處的關鍵點。他進一步解釋，開店創業不可能所有經營課題都能在創業前的籌備階段解決，因此要懂得把握創業前期，若能多預先做設想，盡可能地把問題與風險性降低，也讓日後的發展方向更加明確。

　　他所提出的自我企圖包含兩個層次，其一是首間店的年度營運計畫，例如制定所謂的收支計畫，至少在進入市場半年後，要看看相關收支是否有照計畫走，若沒有最好就要開始做細項的檢視，找出癥結點並加以改善，好讓後續計畫能達標。再者則是布局拓展計畫，謝易成直言，多數人創業者在這部分傾向保守，認為先守好首間再來思考後續，但其實是否有開分店計畫，或是日後要走入連鎖加盟等，這件都可以預先做思考，才不會到了真的要投入時，慌了手腳。例如客群的定位、空間氛圍的掌握等，特別是後者，若走到分店如何讓設計調性能延續而不至於產生落差進而造成失落感，這在整體規劃上也需要細細思量。

圖片提供＿ 3+2 Design Studio

圖片提供＿ 3+2 Design Studio

（上）「Mudo木朵創藝時尚茶飲」以販售茶飲、咖啡、輕食、下午茶餐為主，店本以青案作為燈檯，藉由青案的多愛性，帶給顧客豐富多樣的輕食響宴，粉色系再加上特殊的日本裝飾設計，討喜浚瞬間在Instagram上傳遞開來。（下）位於雲林虎尾的「Mr Kuoi」，以「在地最美的一家店」作為核心，不只提供在地人消費上的新選擇，也藉由設計把品牌價值與核心做完整的表達。

嚴選全台熱門
早午餐店

根據 2016 年 iSURVEY 東方線上《賴床經濟 BRUNCH 帶來的質變與商機》調查報告指出，隨早午餐風潮的盛行，替國內餐飲市場帶來質變。觀察國內早午餐經營市場，主要分為「**連鎖早餐延伸經營早午餐類型**」與「**獨立品牌經營特色早午餐類型**」兩大類型，其中「獨立品牌經營特色早午餐類型」又細分出「早午餐類型」、「麵包、吐司、捲餅類型」、「異業跨界延伸類型」，從營運策略與空間設計角度切入，看他們如何在市場中找到獨特定位及創造價值。

Part2-1　連鎖早餐延伸經營早午餐類型

1. 拉亞漢堡 Laya Burger
2. 麥味登 MWD
3. 晨間廚房西式早午餐

Part2-2　獨立品牌經營特色早午餐類型

◎早午餐類型
1. ACME Breakfast CLUB
2. Coppii Lumii living coffee 冉冉生活
3. EGGY 什麼是蛋澳式早午餐
4. Engolili 英格莉莉輕食館
5. H&H COFFEE & BAKERY
6. In Stock 飲食客
7. the Diner 樂子
8. 小花徑咖啡 FLORET CAFE
9. 好初早餐
10. 松果院子 Restaurant Pinecone
11. 軟食力 Soft Power
12. 餵我早餐 The Whale
◎麵包、吐司、捲餅類型
13. ISAAC 愛時刻
14. Mountain House 山房
15. 仨宅吐司
16. 扶旺號
17. 真芳碳烤吐司
18. 捲餅咬鹿
19. 就愛豐盛號
◎異業跨界延伸類型
20. CAMA COFFEE ROASTERS 豆留森林
21. Merci Café
22. 覺旅咖啡 Journey Kaffe

連鎖早餐
延伸經營早午餐
類型

攝影__

始終如一，打造願景，
關注品牌價值產鏈

精益求精的台灣品牌，讓幸福、美味、感動永續傳遞

2002 年於桃園楊梅交流道旁發跡的拉亞漢堡 Laya Burger（以下簡稱拉亞），開啟美式早午餐的新潮流，更奠定森邦集團美式餐飲風格的基礎，從第一代店至 2020 年已經發展至第四代店，目前在台灣直營與加盟店數邁向 500 家。拉亞得以在台灣競爭的美式早午餐市場中佔有一席之地，讓品牌持續發展保有創新能量，一路走來，其成功關鍵為何？

拉亞漢堡
Laya Burger

2002 年創立的拉亞漢堡，在競爭的美式早午餐市場佔有一席之地，擁有國際觀的產品研發團隊，精心開發多元化的餐點；並且不斷推陳出新，產品內容上除了各式美味的漢堡、三明治、蛋餅、飲料外，還有美式盤餐、義大利麵、義式燉飯……等系列，滿足消費者對西式餐飲的需求。

營運心法：

1　以美式餐飲創造市場差異化。

2　優化品牌形象與提供新體驗。

3　共同獲利理念與加盟主互動。

　　拉亞漢堡 Laya Burger 創辦人徐和森早年做髮飾品商，事業高峰期投資失利後揹著負債返回台灣，回來後放下身段，在朋友的早餐店幫忙與學習。不斷在餐點技術上做修改及研發，用 1 年半的時間就讓該早餐店從原本 70 家向外拓展，期間體認到連鎖店核心價值，餐點要好吃、好吃的東西要複雜變簡單、簡單化要標準化、標準化要一致化、服務到位且要建立品牌的包裝。

　　爾後決定自行出去開店，到桃園楊梅交流道旁租下最顯眼的小店面，付完租金後身上雖僅剩 NT.3,000 元。但徐和森的好人緣，讓協力廠商願意幫他做招牌，之前老闆則借他食材與設備。二次創業從頭開始的經驗過程中，也形塑了拉亞能屹立至今的品牌 DNA 永續經營、優良產品創新研發、打造完整加盟連鎖系統、品牌國際化。

美式餐飲創造差異化，品牌形象再優化

　　早年徐和森經商時常往返美國各機場，在美國紐約拉瓜地亞（LaGuardia Airport）機場停留時，偶然吃到美味的早餐是當時台灣品嚐不到的驚豔口味，所以菜單聚焦在漢堡類的美式餐飲，成功與當時其他連鎖早餐店的台式口味做出差異性，平均價位比一般早餐店高出 1 成，較速食業便宜 3 成，也因此帶動連鎖早餐店的升級和新體驗。

在產品研發上的變化始終保持彈性，除明星產品招牌芝加哥堡及餅皮酥脆的蛋餅等，每年都還會推出 2～3 波的新品，在 2018 年的櫻花季，開發以天然火龍果、紅麴當作基底，把最受歡迎的蛋餅、吐司兩大類商品搖身一變成櫻花般的粉嫩色系。2019 年的芋泥系列，則是首家連鎖早午餐品牌推出芋泥口味，都在網路造成很高的討論度。主力餐點優化之外，在主題企劃、口味包裝拉亞也持續精進，拉亞漢堡 Laya Burger 品牌設計經理黃俊達表示，「開發新產品的過程，強調以議題性來創造產品，讓討論與話題可以延長，並帶動拉亞形象的高度。」

拉亞能在高度競爭的早餐紅海開創出藍海，其關鍵就在品牌建立與優化。拉亞近年積極培養設計團隊，緊扣品牌原有精神讓形象與質感提升，以 LOGO 識別升級來說，從早期火紅色招牌店觀在 2015 年轉變為以駱黃、綠主色，呈現清新簡約的視覺感，店型緊扣不同客群與商圈，發展為「好鄰便利」、「國民樂活」、「都會全能」等類型，從平易近人、增加時尚木作裝修到有沙發與軌道燈的高級氛圍，讓加盟主在店鋪選址上有更多選擇。

乾淨整潔的餐盤回收區域，善於用植栽美化環境也讓空間充滿活力生機；都會全能店有沙發、高腳椅元素，結合軌道與造型燈，掌握流行概念。

攝影＿ Amily

攝影＿ Amily

攝影＿＿Amily

攝影＿＿Amily

美式廚房的新店型態，外觀緊扣LOGO色系，顏色標準主色為代表清新健康的綠色系與活力熱情的駱黃色。空間框架以現代簡約線條為基底，並將主色系延伸到立體空間，牆面的裝飾材以大面綠色植栽點綴，呈現美式鄉村的風貌。

員工教育紮實，加盟主當夥伴共同獲利

　　打造完整加盟連鎖系統是拉亞創立至今的核心理念，黃俊達表示，「創業，然後開一家早餐店就是想要圓自己的夢想，我們的角色就是輔助他們能順利成功開店，把加盟主當夥伴。」所以加盟主在資金的籌備上，拉亞並不會收所謂的加盟金，而是讓加盟主以實報實銷的方式作為創業資金，從 NT.80 萬元、NT.150 萬元到 NT.180 萬元不等，若自備款不足，拉亞還提供 NT.50 萬元的零利率貸款，讓創業者完成夢想。而在人事管理與教育訓練方面，拉亞會定期舉辦加盟商年會以共同獲利的理念與加盟主互動。

　　對想加盟的創業者來說，面對市面上眾多品牌，該如何選擇呢？黃俊達以往加盟品牌的觀察與分析建議，「第一，生存了多久很重要，一個品牌所經營的賣點與凝聚力是什麼，唯有本質的扎根而非一窩蜂的潮流才會長久；第二，安定感，比對剛開店初期的興奮，總部要持續給加盟者安定感，從店格的設備、裝潢到員工訓練，這也是拉亞長年來所創造的格局，專心做好一件事的永續經營。」對拉亞來說，每個加盟主都有故事，就是希望夢想開一家好的店，擁有好的人生，不斷精益求精的台灣品牌，讓幸福、美味、感動傳遞每一位到訪顧客。

（左）品牌行銷根據時節議題推出活動創造討論聲量，增加在消費者心中好感。（右）2019年12月推出四大系列新品，超過20樣新餐點，搭配專屬的美味色票「LAYATONE」，挑戰早餐視覺以及味覺的饗宴。

圖片提供＿拉亞漢堡 Laya Burger

拉亞漢堡 Laya Burger

開店計畫
STEP

2002	2003	2004	2007	2015	2018
第一家拉亞原型 LaGuardia Burger 在桃園楊梅成立	桃竹苗區開放加盟	中英文更名為拉亞漢堡 Laya Burger，第一代商標識別	森邦集團成立，於桃園區成立作業標準化物流系統	推出嶄新商標，新一代美式廚房店型登場	受邀日本參展將早餐文化帶到全世界

品牌經營

品牌名稱	拉亞漢堡 Laya Burger
成立年份	2002 年
成立發源地／首間店所在地	台灣桃園／台灣桃園楊梅區
成立資本額	約 NT.7,300 萬元
年度營收	約 NT.20 億元
國內／海外家數佔比	台灣 500 家
直營／加盟家數佔比	直營 5 家、加盟 495 家
加盟條件／限制	洽品牌
加盟金額	洽品牌
加盟福利	店型自由選、完整教育訓練、專業研發與食材管理

店面營運

店鋪面積	約 12 坪起
平均客單價	約 NT.70 元
平均日銷售額	約 NT.1.2 萬～ 1.5 萬元／每間門市
總投資	約 NT.80 萬元起
店租成本	約 NT.5 萬元
裝修成本	約 NT.70 萬元起
進貨成本	不提供
人事成本	不提供
空間設計	不提供

商品設計

經營商品	早午餐
明星商品	芝加哥堡、蛋餅

連鎖早餐
延伸經營早午餐
類型

攝影＿江

深耕品牌在地優勢，
發揚縝密組織精神

善用直營模範，造就新型態國民經濟美食

成軍 33 年的資深餐飲品牌「麥味登 MWD」，自 1987 年發跡於
台北市大稻埕，至今已有數百家門市分布於全台大街小巷。身為資
深餐飲龍頭，團隊歷經大環境變化，面對經營過程的高峰低谷，無
論是內部管理體制重新調整，抑或是外部市場結構改變，品牌仍持
續進行轉型。而這勇氣並非是急於改變的莽撞規劃，相反的，它透
過專業組織分工，重新梳理品牌定位，加上掌握長期耕耘的在地優
勢，拋出更長遠的價值期許，展現全新的麥味登時代。

麥味登 MWD

隸屬揚秦國際企業股份有限公司，
1987 年以西式早餐發跡於台北大
稻埕；品牌歷經經營模式調整與
設計思維導入，如今成功轉型成
含括咖啡與早午餐市場的新型態
餐飲品牌。團隊秉持 30 多年來的
老厝邊精神，因應各類商圈提供
多元餐點飲品，且持續發掘當地
食材，並融合世界飲食趨勢與在
地文化，致力成為新國民經濟美
食指標。

攝影＿江建勳

> **營運心法：**
> 1 依據世代文化做出彈性調整。
> 2 取得加盟主信任、穩定展店。
> 3 設定短中長期目標踏實前進。

談論到飲食文化，在地的飲食習慣與生活型態相互影響下，使得每個地方都會有自身偏好的口味，其中早餐商機更為明顯。根據《食力foodnext》雜誌於 2010 ～ 2017 年《台灣連鎖店年鑑》的統計報導，台灣西式早餐連鎖加盟店的數量正在逐年銳減，但店數雖減少，加盟品牌卻是一年比一年多，顯示出早餐市場仍是新創業者的首選之一，而為人熟知的「麥味登 MWD」（以下簡稱麥味登）更是名列其中。

鞏固品牌成立初衷，並隨世代文化彈性調整

早餐店起家的麥味登，分布於各種類型的商圈，包含社區住宅型、街邊商區型、校區型，甚至是進駐大型賣場，如特力屋等特殊門市，其再再考驗品牌對於不同消費圈的了解與掌握，甚至是團隊的應變能力。揚秦國際企業股份有限公司品牌部總監翁浩軒說道，上百門市的經營型態並非一套標準做到底，而是要觀察各種商圈特性進而調整，才能打中在地人真正的需求，像是以白領聚集的商業區門市，多提供快速製作、方便外帶的早午餐系列回應顧客需求，甚至營業時間也因應區域生活結構調整，避免額外成本浪費。翁浩軒強調，早餐與每人生活息息相關，個人口味多元，因此創新研發的能力非常重要，包括從市場變化了解當今飲食趨勢，也是麥味登持續成長的動力，成功案例如選用台灣自產的羅勒葉實驗，才得以推出廣受市場好評的青醬義大利麵品項。

善用佐證讓加盟主信任，穩定拓展門市版圖

除了專精的研發能力，麥味登對於品質也有一套控管心法，即是「業務」與「督導」雙軌制度；業務，主要負責與預加盟者進行會面評估，除了基本的會談，也會直接帶領對方至實體門市觀看作業流程，了解產業的實際狀況，讓加盟者熟悉品牌優劣勢，但也因為如此嚴謹卻透明的制度，開啟不少複數店加盟主的產生。揚秦國際企業股份有限公司品牌部專案經理蔡國憲補充，假使單店加盟主營運狀況穩定獲利，總部是會協助他們進行複數店的開拓，包含選址、客群、交通與同質產業等再評估，避免原店與複數店客群重疊；而複數店的優勢，是能將同批員工進行有效的輪班輪店制，因此人力調度更加便利，也因為員工多是同批人，連帶減少重新學習的時間成本。

麥味登台南陽光店與桃市陽光店將設計思維導入空間規劃，讓每間門市能依照格局大小進行風格調整，顧客能從每次的內用消費，體驗品牌在美學上的細節變化與嘗試。

圖片提供＿揚秦國際企業股份有限公司

圖片提供＿揚秦國際企業股份有限公司

麥味登台視店屬大坪數店型，前段以大片落地窗引進自然採光，並結合高腳吧台座位，讓顧客用餐時能享受風景，而此類型座位配置高度不如一般座位舒適，也能加速用餐時間；中段多配置2～4人桌型，調整性高的座位配置滿足小型客群，也是流動率最高的區域；後段為沙發座區，適合久待的顧客，也因位於空間末端，即便久坐也不影響主要座位數。

　　由於麥味登是資深品牌，因此有門市傳到了第三代經營者，而向他們推廣新思維是需要更多時間磨合，這時督導就扮演重要角色，包含定期檢核與教授新制度等人事物料管理，假使有加盟主排斥，督導也會善用直營店作為範例說明，讓對方看到新制度運用在門市能成功增加客源，那麼加盟主自然會願意跟著總部轉型。對加盟產業而言，能將成功案例得以複製非常重要，所以每當有新點子，都會由直營店開始實驗，進而導入加盟門市，因此對加盟主來說，直營店身負著重要的 Show room 功能。

掌握經營之道三原則，共同帶領團隊往目標邁進

　　一路走來，麥味登靠著深厚的在地感與嚴格的控管力，讓門市數量至今持續穩定成長，當問即是否有經營竅門時，翁浩軒以待過新創團隊的經歷回答道：「品牌經營並無捷徑，首先，創業者要非常清楚自身創業的動機，並熟悉這產業的背景與優劣面；再者，設定明確目標，包含短、中、長期，要認知到品牌必須先有生存根本，才能進一步穩定客源；最終，就是踏實執行品牌理念，往地方扎根，切勿心猿意馬或天馬行空。因此，了解動機、掌握背景、訂定目標，而後踏實地執行，這就是創業初期需堅守的三原則。」

圖片提供＿揚秦國際企業股份有限公司

躍升成專精於Cafe & Brunch的麥味登，持續發掘在地新鮮食材，並善用創新研發的能力，推出更多元餐點飲品，滿足各類客群味蕾。

麥味登 MWD

開店計畫
STEP

1987	2013	2016.09	2017.06	2018.01	2019.04	2019.06
品牌成立並開放加盟	榮獲「國家品牌玉山獎-最佳人氣品牌」	引進 EASY CARD 進駐，直營門市啟用悠遊卡結帳	與 PChome 網路家庭合作 PI 行動錢包，啟動手機點餐服務	第十年獲得「總統府元旦升旗指定早餐」	啟動智慧服務新應用 i 計畫，首度將自助點餐機導入門市	宣告聯手四大外送平台，直攻外送服務市場

品牌經營

品牌名稱	麥味登 MWD
成立年份	1987 年
成立發源地／首間店所在地	台灣台北／台灣台北市大同區
成立資本額	約 NT.1.8 億元
年度營收	約 NT.11 億元
國內／海外家數佔比	台灣 775 家
直營／加盟家數佔比	直營 20 家、加盟 755 家
加盟條件／限制	無
加盟金額	無加盟金，專案金額每年不定，專案金額內含符合店面坪數之裝潢和設備
加盟福利	完整教育訓練，總部各項雲端大數據應用（店長 App ／智慧總部 App ／ POS 系統），物流至少一周三配（台灣西半部），自主實驗室及食安定期檢驗服務等

店面營運

店鋪面積	不提供
平均客單價	不提供
平均日銷售額	不提供
總投資	不提供
店租成本	約總成本 10 ～ 15%
裝修成本	不提供
進貨成本	約總成本 30 ～ 40%
人事成本	約總成本 24 ～ 30%
空間設計	不提供

商品設計

經營商品	黃金泡菜蘿蔔糕，幸福特餐，咖哩唐揚雞蛋包飯，羅勒燻雞三明治特餐
明星商品	超厚雞肉起司堡，花生厚牛起司滿分堡，紅茶拿鐵，黑糖方 Q 撞奶，健康好食嫩雞餐，薯餅蛋塔

連鎖早餐
延伸經營早午餐
類型

攝影＿江建勳

升級店裝與餐點，
讓吃早餐變成一種享受

盤餐概念，使經營時段能延伸至午後

揮別傳統早餐店油膩、老舊印象，以藍白充滿朝氣顏色作為定調的「晨間廚房西式早午餐」，不只店內裝潢升級，也將西式盤餐概念導引至傳統早餐，這樣的轉變，不只讓吃早餐變成一種悠閒的晨間享受，也讓經營戰場從早餐再切入早午餐，在競爭市場中走出自己的一條路。

晨間廚房
西式早午餐

品牌成立於 2001 年，以「誠信、認真、負責」的態度在經營，以「微笑、服務、堅持」的態度面對顧客，期許夥伴們不只是賣餐點，更希望能將舒適具氛圍的用餐環境提供給消費者。

❝❝ 營運心法：
1 店內裝潢升級打破傳統早餐店印象。
2 導入西式盤餐概念讓吃早餐成享受。
3 銅板價加上高 **CP** 值策略發揮奏效。

　　決定自行創業那一刻起，晨間廚房西式早午餐總經理邱明正就一直在思考欲走的方向，直到憶起過去在餐廳打工的經驗，不排斥、有熱忱，便決定往餐飲業另尋一片天。邱明正說，「然而餐飲業類別如此多，正因早餐店經營時間相對固定，再加上專業技術門檻比其他餐飲業來的低，便決定投入早餐經營行列。」

突破產業缺口，走出自己的經營路

　　「必須找到那尚未被滿足的缺口，進入市場才有義意。」邱明正解釋，當時的時空背景下，不論是早餐的用餐環境還是價格區間，均呈現兩極化，於是乎邱明正試圖從中取其優勢，找到品牌進入市場的定位亦補足缺口。

　　捨棄過去早餐店給人油膩、髒舊的印象，邱明正選擇從店內裝潢切入，在過去，煎台、點餐、出餐均混合在一起，如此一來容易使店內布滿油煙，為了讓消費者有更乾淨、舒適的用餐環境，他將店面區分出內外場，外場作為點餐、等待區之用，內場則規劃製餐料理區，「當工作環境有了明確定位後，人員能各自就定崗位工作，不易造成干擾亦能加快出餐速度；製餐料理區善用隔間與強效抽風系統能有效把油煙排除，讓用餐環境能維持乾淨舒適。」

除了改善早餐的用餐環境，邱明正也將西式盤餐概念導入，甚至將器皿從常見美耐皿套塑膠袋、免洗餐具升級為瓷盤與刀叉，讓品嚐銅板價早餐也能成為一種享受。正因為加入了盤餐形式，成功吸引早餐客群，同時也獲得晚起民眾的青睞，順勢讓晨間廚房西式早午餐的經營戰場能從早餐再切入早午餐，營業時段也可從早上延伸至午後。邱明正表示，「隨生活作息、消費型態轉移，早餐店也面臨轉型問題，當時正好以這樣的思維切入市場，才能夠在滿足需求變化裡做成功的因應。」

親身投入，更加理解創業者的真實所需

果然，銅板價、高 CP 值的策略發揮奏效，首間店一推出便獲得不錯的迴響。若再細細探究，其實邱明正是選擇在「看不見」的地方投注心力，他回應，「既然選擇投入了，就要有所突破。若只著眼於『為什麼要花這些錢、做這些投資？』既無法突破經營思維，也會被這樣的框架給限制住，反而去了解投入這些後所得到的價值是什麼，才有意義。」實際狀況就是反應在來客數上，人數多、收入提升，營業額也連帶衝高，讓邱明正更加確定當初所走的方向是正確的。

利用空間配置獨立戶外座位區，
讓享用餐點別有一番雅致。

攝影＿江建勳

攝影＿江建勳

攝影＿江建勳

攝影＿江建勳

（上）利用藍白明亮色系打造，給人活潑的店面印象。（下）將煎台料理區移至店內，並利用隔屏與座位區做出區隔，輔以明亮店裝，打破過往早餐店油膩、老舊的空間印象。

（左）品牌將相關合作、主打商品秀於外帶盒或外帶杯上，成為宣傳上的一大利器。
（右）雙蛋古早味蛋餅以獨特的粉漿蛋餅皮為主打，其口感相當 Q 嫩，與市售麵團餅皮做出產品差異性。

攝影＿江建勳

圖片提供＿晨間廚房西式早午餐

　　創業至今邱明正仍會抽空在店內幫忙，正因為親自投入，他更加理解創業者迫切的需要為何，所以，當決定從單店走向全省加盟連鎖時，便將相關的人力組織、原料供應、物流配送等，做了更完整的建置，像是在 2008 年便成立了專業冷凍食品生產線，從原料供應到配送，皆由總部負責，店主既可省去製作、採買上的煩惱，品質好壞也能委由總部做完整的掌控。

　　除此之外，就早餐店而言訴求外帶、快速，人流密度相對是設立的關鍵點，如此才能帶動銷售。邱明正表示，在選址上，總部也有所考量，因為地點除了人流也關係到租金成本的問題，為了不讓店租成為加盟主在經營上的一大壓力，會將金額控制在一定範圍內，像北部就會控制在 NT.5 萬元左右、中部則約落在 NT.4 萬元上下。也因為這樣的緣故，選址鎖定住宅、學區外，也會將落點從主巷道退至次巷道，一來能顧及客源人流，二來也能減緩加盟主經營負擔，不讓利潤被租金給犧牲掉。

　　創業至今將邁入 20 年的邱明正，面對競爭的早餐市場，其與團隊仍不敢大意，守住品牌最重要的核心之外，也嘗試將台灣味道帶向國際，目前已在大陸展店並設立廈門營運總部，2020 年更將進軍馬來西亞，期望能把台灣早餐的好滋味讓更多人知道。

晨間廚房西式早午餐

開店計畫
STEP

2001	2005	2008	2015	2017	2020
正式成立	成立物流中心 對外開放加盟	成立專屬 冷凍食品生產線	進軍大陸市場	成立大陸廈門 營運總部	進軍馬來西亞市場

品牌經營

品牌名稱	晨間廚房西式早午餐
成立年份	2001 年
成立發源地／首間店所在地	台灣屏東／台灣屏東市崇蘭
成立資本額	不提供
年度營收	不提供
國內／海外家數佔比	台灣 400 家、海外 30 家
直營／加盟家數佔比	直營 40 家、自願型加盟 360 家
加盟條件／限制	無限制無條件，只要您敢衝，我們一定挺您
加盟金額	NT99.8 萬元起（協助貸款）
加盟福利	洽品牌

店面營運

店鋪面積	約 25 ～ 30 坪
平均客單價	約 NT.60 ～ 80 元
平均日銷售額	不提供
總投資	約 NT.99.8 ～ 150 萬元
店租成本	約 NT.3 ～ 5 萬元
裝修成本	含在加盟金中
進貨成本	不提供
人事成本	不提供
空間設計	含在加盟金中

商品設計

經營商品	早午餐
明星商品	台式蛋餅（年銷量破 400 萬份）

獨立品牌經營
特色早午餐類型／
早午餐類型

攝影＿李昊

西門町街區中的早午餐俱樂部，
在追求頂尖的路上實現多角化經營

以歐式風格早午餐扭轉大眾口味，
分享精緻且天然的美好飲食

相較於曾為精華商圈地帶的台北市東區，如今的西門町儼然成為觀光客心目中最熱鬧、最有都市活力的街區。在西門町靜巷的大樓中，藏匿著一間具有活力、時尚質感、明亮且寬敞的歐式早午餐店「ACME Breakfast CLUB」，甫開幕便博取眾人的 Instagram 版面，至今熱潮未退，證明內外兼具是品牌生存的不二法則。

ACME Breakfast CLUB

是許多年輕人、觀光客心中品嚐歐式早午餐的首選，餐點主打天然、健康、精緻且無負擔，2019 年底創立晚間餐酒館品牌 AFTERWORK byACME，提供時尚的用餐空間與特色調酒。

營運心法：
1 引進歐式飲食文化，感受另一種生活風格。
2 社群與內容行銷雙管齊下延續至品牌忠誠。
3 藉由發展多元支線品牌讓服務更趨於完整。

　　ACME Breakfast CLUB 創辦人葉展慈，大學畢業便自創服裝選貨品牌，經營跨國服飾貿易，經常到英國倫敦、法國巴黎等歐洲國家進行採購，更曾經成功地代理知名韓國時裝品牌 NOHANT，種種經歷不僅讓他建立起創業所需的基本概念，也讓他累積到發展新品牌初期需要投入的資金。葉展慈回憶，那幾年於歐洲國家為了採購行程四處奔走時，也不忘到當地的咖啡廳體驗歐式飲食文化，深刻體會到歐洲獨特的早午餐文化，從食材的選擇、擺盤的美感……等，都有別於台灣人最熟悉的美式早午餐類型。故葉展慈在定位品牌獨特性時，決定於餐點中注入歐式飲食文化，試圖讓消費者透過餐點感受另一種生活風格。

看準愈趨活絡的西門町商圈，引入歐風飲食與生活文化

　　「台灣目前的早午餐品牌居多以美式風格為主，務求大分量、配菜豐富……等，歐式早午餐注重的是食材的健康與天然，無須添加過多的佐料，分量較為小巧精緻，且居多是經過美感設計的擺盤，而非以大盤子承接散裝的配菜，餐點製作的過程是更加精細的，完食後對身體的負擔也不大。」葉展慈緩緩解釋著美式與歐式早午餐的差異性，並坦承一開始消費者對於餐點的接受度並不大，當時也有收到一些反饋，紛紛抱怨餐點分量較小、CP 值不高……等，讓他重新思考餐點內容與價格的組成。為了延續導入歐式飲食文化的理念，葉展慈並沒有因此而改變品牌定位，反之，以推出新餐點的方式重新與客人進行磨合，並調整了分量提升飽足感，但定價卻比既有的餐點更高。「有趣的是，雖然新餐點的價位更高，負面聲音卻變少了。消費者似乎更能接受這裡推出的餐點分量恰到好處，內容物更為精緻，撐得起這樣的價格。」葉展慈表示慶幸，當初並沒有因為負面聲浪而改變了自己的初衷。

問及選址考量，葉展慈表示，從 2017 年開始，曾經熱鬧的台北東區漸漸呈現疲弱的狀態，租金卻相對居高不下，反觀西門町明顯活化許多，周邊商圈類型多元，聚集了許多國外遊客。此外，基於開店前對於鎖定客群的研究，由於西門町的民宿飯店業者，規模多為中小型旅館，故鮮少提供早餐服務，因此來西門町居住的觀光客勢必需要能享用美味早餐的好去處，洞見了此市場缺口，成為葉展慈駐點於此的重要因素。ACME，有出色、頂尖之意，並以 CLUB 結合俱樂部的概念，營造熱鬧歡樂的氛圍，隱含邀請對於特定文化與生活風格有共鳴的族群齊聚一堂的寓意。

社群與內容行銷雙管齊下，讓一次性嚐鮮延續至品牌忠誠

營運至今雖僅有兩年之久，卻已經過 2 次菜單的大更動，以及 3 次零星餐點的汰換，起初菜單上只有 3 種選擇，內容主角分別是酪梨（AVOCADO）、培根（BACON）、起士（CHEESE），恰好對應到店名的縮寫 ABC，如今無論是早午餐、飲品或者甜點的選擇都豐富許多。此外，因應季節性推出的特色餐點也是持續吸引客人前來的重要法則，例如於 2019 年春天推出的草莓提拉米蘇，一推出便造成轟動，至今仍有客人念念不忘，故晉升為菜單上常態提供的甜點。葉展慈分享這兩年來的觀察，來店消費的客群主要為 22 ～ 30 歲的女性，此年齡層的客人十分需要保持新鮮感，持續研發出新的菜色讓消費者嚐鮮，才有機會吸引其一再前來，也因此 ACME Breakfast CLUB 營運以來，回客的比例始終保持在 2 ～ 3 成左右。

此外，藉由舉辦主題造景活動來保持品牌活力，同時增加曝光度，搭上社群行銷的熱潮，已是當今品牌無法置身事外的主流行銷手法。ACME Breakfast CLUB 也不例外，曾於開業第一年的夏天，舉辦「沙灘俱樂部」活動，為了營造氛圍，葉展慈於陽台戶外區鋪上 1,000 公斤的細沙，重現沙灘風景，並且擺上沙灘椅提供消費者慵懶躺臥，亦成為熱門的拍照打卡點；此外，菜單也因應活動主題，特地開發出適合在沙灘上享用的餐點，例如：水蜜桃沙拉……等清爽的菜色，由空間外觀至菜色內涵，皆能感受到品牌的用心與對於細節的要求。「社群行銷、網美文化對於品牌來說，的確有其效益，但相對也比較容易吸引到一次性嚐鮮的消費者，如何在熱潮過後留住客人，才是更重要的。」語末，葉展慈分享了自己對於社群行銷的見解與忠告。

（上）以金屬凹凸面吧台呈現大器感，開放式空間與可靈活調動位置的桌椅，增加空間使用的可能性。（下）預留了陽台戶外區，並以落地窗面肆意地引入充沛日光，空間中的水泥粗獷質感豐富了立面的表情。對空間美感獨具見解的葉展慈，將日常所見之物轉化為增添佈景意趣的元素；壁架上放置了嚴選的高質感雜誌，讓消費者也能於精神上飽足一餐。

精緻的歐式風格餐點，分量看似
不大，用料卻十分紮實，食用完
畢飽足感十足，卻不會感到油膩
負擔。

發展多元支線品牌，完整品牌服務面向

　　經過多次調整後，ACME Breakfast CLUB 的營運逐漸趨於穩定，
不過葉展慈並沒有因此停下腳步，於 2019 年底沿用 ACME 之名，創立
了餐酒館品牌「AFTERWORK by ACME」。葉展慈表示，當初會想要創
立此品牌的動機，來自於有許多消費者透露出，希望晚間也能來此用餐的
期望，經過一番思考，葉展慈決定不採用「延長營業時間」的傳統方式，
而是另創餐酒館品牌，並重新開發適合餐酒館的菜色。葉展慈進一步分享
開發新菜單時的技巧，「若不希望一開始投入的原物料成本大幅成長，可
試著利用白天餐點所使用的食材進行創意發想。例如我們突發奇想，利用
白天香煎培根時所剩下的油，浸泡於威士忌中，以油脂浸洗的手法，調製
出一款具有培根香氣的威士忌調酒，經由這樣的轉化，成功延伸 ACME
品牌專有的特色料理，又能使既有的食材發揮最大的效益。」

　　除了 AFTERWORK by ACME，葉展慈透露新的咖啡廳品牌也正在
如火如荼的進行中，問及咖啡廳新品牌與早午餐品牌之間的差異性，葉展
慈解釋：「ACME Breakfast CLUB 無論在餐點、空間氛圍或者品牌調性，
都有許多細節需要顧及，這樣的複雜度令品牌本身難以被複製，因此加盟
的難度會比較高。新的咖啡廳品牌，會保留 ACME 早午餐的靈魂，但換
上咖啡廳的外衣，將一切極簡化，一樣地提供早午餐，但主要會以咖啡與
甜點的販售為主，同時縮小店面規模，讓內在與外在的元素都具有被複製
的可能性，保留未來接受加盟或者開多店的可能性。」

ACME Breakfast CLUB

開店計畫
STEP

2017.12	2018.04	2019.12	2020.04
開始籌備	正式開幕	餐酒館品牌 AFTERWORK by ACME 試營運	咖啡廳品牌預計開幕

品牌經營

品牌名稱	ACME Breakfast CLUB
成立年份	2018 年
成立發源地／首間店所在地	台北市西門町
成立資本額	不提供
年度營收	約 NT.2,000 萬元
國內／海外家數佔比	台灣 1 家
直營／加盟家數佔比	直營 1 家
加盟條件／限制	洽品牌
加盟金額	洽品牌
加盟福利	洽品牌

店面營運

店鋪面積	約 70 坪
平均客單價	約 NT.450 元
平均日銷售額	約 NT.5 萬元
總投資	約 NT.500 萬元
店租成本	約 NT.15 萬元
裝修成本	設計裝修約 NT.300 萬元 設備費用約 NT.200 萬元
進貨成本	約營業額 20 ～ 25%
人事成本	約 NT.40 萬元
空間設計	葉展慈

商品設計

經營商品	歐式早午餐、咖啡
明星商品	ACME 招牌法式吐司、草莓蘭姆酒提拉米蘇

Coppii Lumii
living coffee

承載美學與生活概念的優質早午餐

**力求咖啡、早午餐、裝潢皆完美，
讓客人感受「完食主義」**

Coppii Lumii living coffee 冉冉生活

「Coppii Lumii living coffee 冉冉生活」（以下簡稱冉冉生活），Coppii 取自於咖啡與咖啡杯的諧音，Lumii 則是取自於光明的字意，品牌執行長曾盈瑋（Sharon）希望呈現給客人的是完整的生活概念，從白天到夜晚，不管任何時刻都能來這裡點一杯咖啡，飽餐一頓，而 living coffee 一詞可以看出生活與咖啡的緊密性。

想要供應新鮮好吃的早餐，家常且舒服的暖食，你會想要為朋友外帶杯咖啡，約了久違的同學且自然地分享彼此剛上桌的甜點，一切都將發生在這，想要貼近你的生活，期待為你成就很棒的事！

❝ 營運心法：
1 豐富的視覺感覺讓空間更加貼近生活。
2 從「速食主義」提升到「完食主義」。
3 制訂 SOP 流程，讓出餐速度更加精準。

　　冉冉生活是由三位好朋友一起共同創立，合夥人 Chris 負責傳授咖啡專業知識與咖啡豆烘焙，營運管理與餐點設計由 Sharon 負責，品牌風格與裝潢交由習瑞鎮文創設計總監吳信意（Hsin）做規劃，藉由組合融入各自的冒險幻想、對工作的堅持，以及追求完美的傻勁，冉冉生活的鐵三角就此誕生。

　　看著許多人爭相循著外國來台拓點的早午餐餐廳蹤跡排隊嚐鮮，Sharon 相當不甘心，她認為台灣的食材、咖啡、裝潢都不輸給國外，為何至今沒有一個能代表台灣的品牌出現，進而拓展到國外呢？三人創立了冉冉生活，希望透過這個品牌傳遞新生活概念給更多人知道。

營造豐富視覺感受，讓商業空間更貼近生活

　　冉冉生活目前設有兩間分店，第一間位於台北市龍江路，是 Sharon 之前經營 5 年的店面如今改造為冉冉生活龍權門市，根據以往的經驗得知這個地段用餐時間雖然忙碌，但中間依然有空閒時段可以教育夥伴，相當適合當作首間店的設點處，一切從零開始建立。第二間則選擇設點於新光人壽南港大樓，坪數是龍權門市的 3 倍，圓弧形的外立面依循著大樓的落地窗設計，讓經過的人不免好奇地往內探看。

　　Sharon 在餐點上喜歡追求平衡，裝潢設計上卻喜歡高低起伏、不對稱的美感。不論是吧台、天花板，還是咖啡機置放的視覺感，都必須經過設計。整間店鋪以大量的黑鐵與木頭做混搭，咖啡吧台與點餐區以出餐動線做區隔，將餐廳整天的運行考慮進去。以木板搭配 4 片窗戶所搭建出來的屏風將座位區區分為二，一邊較開闊，一邊較隱密，使客人能按照當天的心情與需求挑選座位。

翻轉「速食主義」，提升到「完食主義」

創立品牌的前期，Sharon 想著該如何在眾多早午餐店鋪脫穎而出，她認為喝咖啡已經成為自己開啟一天的日常儀式，但反觀多數早午餐店，咖啡僅僅是餐點的附屬品，於是將冉冉生活定位成分享各產地、各品種咖啡的專業咖啡館，同時也提供豐富的早午餐，進而改變顧客對於咖啡只是附餐的認知。

在餐點設計上，除了搭配好的套餐外，也有自由搭配的選項，讓顧客能選擇喜歡的品項完成專屬的早午餐，不受套餐的侷限。雖然 Sharon 以台灣在地的素材為傲，但也想介紹一些來自外國且營養價值高的蔬果給大家品嚐，因此在冉冉生活可以吃到各式各樣的混搭餐點，藉由餐點本身的美味翻轉現今普遍的「速食主義」，提升到「完食主義」。她解釋「完食主義」是要讓客人吃到滿足、完整的一餐，冉冉生活提供不過飽但絕對足夠的量，讓人慢慢享用完整的食物，進而達到身心平衡的狀態。

（左）Coppii Lumii livingcoffee 冉冉生活品牌執行長Sharon。
（右）由木板搭配4片窗戶所搭建出來的屏風將座位區區分為二，一邊較開闊，一邊較隱密，使客人能按照當天的心情挑選座位，仔細觀察店鋪都可看出設計者的巧思。

攝影＿江建勳

（上＋左下）以圓弧形黑鐵線條劃分為兩個區域，不僅讓空間更有層次，也形成寬敞舒適的動線。（右下）以木頭夾板與木皮打造出舒適溫暖的咖啡吧台，咖啡吧台與點餐區以出餐動線做區隔，將餐廳整天的運行考慮進去。

人的管理往往最具挑戰也最需要學習

　　Sharon 曾經擔任店長也具備開店經驗，依然認為人的管理深具挑戰，「餐飲業很累，但在我底下工作更累，因為冉冉生活有許多其他同業不會有的細節，像是一定要清洗牛奶瓶的外包裝才能放進冰箱……等堅持。不過，再怎麼累，氣氛對了都無所謂。跟 15 年前相比，現在的孩子真的不一樣，他們需要的不見得是提高待遇，反而需要更多的關心。」她笑著道。

　　營運 2 年多以來，為了加快出餐速度，不斷改變原有的 SOP 流程，導致講求衛生、變化步調與忙碌快速成為許多新進員工離職的原因，但對冉冉生活來說，好還要更好，追求完美永無止盡，2020 年會把重心放在完善教育訓練，讓每位選擇與冉冉生活一起努力的夥伴持續進步，期待有一天能將冉冉生活推廣到國外。

（左上）從義大利進口的咖啡氮氣儲豆罐，使咖啡豆避免與空氣接觸，降低影響咖啡風味的變數。（右上）以咖啡流動的姿態作為冉冉生活的LOGO意象。（左下）有別於一般早午餐店運用大量照片當作封面的菜單形式，冉冉生活的菜單以簡約的色調搭配咖啡豆的圖像，呈現出不一樣的美學風貌。（右下）冉冉大早餐系列─小法國，內含糖烤南瓜、法國吐司、金黃嫩蛋、德國香腸、杯湯，以及一壺熱咖啡，分量相當足夠，絕對讓顧客飽餐一頓。

Coppii Lumii living coffee 冉冉生活

開店計畫
STEP

2017.08	2018.01	2019.04
開始籌備	冉冉生活概念店（龍權門市）開始營運	冉冉生活（經貿門市）開始營運

品牌經營

品牌名稱	Coppii Lumii living coffee 冉冉生活
成立年份	2017 年
成立發源地／首間店所在地	台灣台北／台灣台北中山區
成立資本額	不提供
年度營收	不提供
國內／海外家數佔比	台灣 2 家
直營／加盟家數佔比	直營 2 家
加盟條件／限制	不開放加盟
加盟金額	不開放加盟
加盟福利	不開放加盟

店面營運

店鋪面積	約 120 坪
平均客單價	約 NT.125 元
平均日銷售額	不提供
總投資	不提供
店租成本	不提供
裝修成本	不提供
進貨成本	不提供
人事成本	不提供
空間設計	習瑞鎮文創設計總監吳信意（Hsin）

商品設計

經營商品	義式咖啡、虹吸咖啡、早午餐、手作甜點
明星商品	淺白咖啡、奶油糖厚鬆餅、肉桂糖蝸牛捲、小法國

獨立品牌經營
特色早午餐類型／
早午餐類型

跳脫美式早午餐框架，
找到品牌專屬價值

以精緻澳式餐點突破市場重圍

「EGGY 什麼是蛋澳式早午餐」（以下簡稱 EGGY）位於民生社區巷弄，顯眼的招牌與 LOGO 總是吸引著路過的客人忍不住停下來留影。以英文店名、黃色蛋殼為主設計，到底這間餐廳裡賣的是什麼料理，是單純賣雞蛋料理還是早午餐，透過獨特設計勾引人的好奇心，進而入內探索。

EGGY 什麼是蛋
澳式早午餐

不只提供美味佳餚，更以熱情接待每一位客人。我們將 EGGY 打造成氣氛宜人、活力四射的餐廳，餐點源於澳洲的精緻美食咖啡廳，以家鄉的菜餚扎根，並持續地向外探索各種可能性。我們熱愛學習、創新，為的就是將我們的熱情以及美食完美地呈現在客人眼前。

除了設置舒適的沙發座位區之外，也有設置1～2人喜歡私密、獨處的座位區，滿足不同的客群。

> **營運心法：**
> 1 以獨特的澳式餐點突破市場重圍。
> 2 辦活動、調配人力發揮店面效益。
> 3 設計扣合飲食讓整體更具一致性。

　　EGGY 是由五位好友一起合夥集資而成立的澳式早午餐，曾在澳洲留學工作的主理人陳發恒觀察台灣美式早午餐已經達到飽和，假如再多一家相同類型的餐廳，根本無法在艱辛的市場佔有一席之地，正好當時澳洲早午餐剛開始流行，不同於美式早午餐以麵包、蛋、肉為主的大分量擺盤，澳式早午餐追求的是堆疊式精緻餐點，「澳式早午餐打破了一般人對於早午餐的制式想像，不僅講求擺盤，連醬汁的調製都相當講究，甚至混合青木瓜沙拉在餐點裡等創新做法，而且當時台灣還沒有店面做這種嘗試，於是我們決定以澳式風格來試試看。」陳發恒解釋。

透過舉辦活動、調配人力，發揮店面最大效益

　　當初在為店鋪選址時，考量到民生社區周遭已有數間人氣名店，而選擇租金稍微便宜的巷弄，「不過，從去年開始，人潮有逐漸下滑的趨勢，大眾還是會傾向去方便抵達的店面消費，因此，必須額外辦些活動來吸引客群。」陳發恒苦笑道。像是知名的《對稱早餐》作者麥克・齊就曾在 EGGY 辦過簽書會，引起一番粉絲追隨熱潮，進而接觸到更多客群。

　　陳發恒談到經營品牌受挫的地方其一在於菜單的調整，第一版菜單上共有 60 種品項，精簡到目前最新版本留下 20 多種菜色，舉例來說，餐廳主廚做出味道直逼澳洲有名的酸麵包，但台灣人似乎吃不習慣，他和主廚、合夥人們對於刪除與保留菜色之間出現意見分歧，不過，最後彼此還是做出讓步、達成共識。其二是大環境的不景氣，他觀察到鄰近的民生東路上出現倒閉潮，以往的黃金店面紛紛掛起出租的牌子，連帶影響到民生社區附近的生意，為此他做出正職和兼職的人力調配，期望人力資源發揮最大效能。

畫作的背後藏有員工休息、吃飯的地方，而畫作的隔壁即為結帳區域。

攝影＿江建勳

攝影＿江建勳

（上）以兩張桌子拼出大長桌，營造座位共享的歡樂氛圍，讓客人可以體驗在澳洲吃早餐的情境。（下）以黑色蛋盒搭配黃色泡棉球拼出店名──EGGY，巧妙連結店內主打產品，假日還開放讓大人、小孩利用泡棉球自由創作。

以店名、主打產品擄獲愛吃蛋的客群

　　餐點上則以「專門賣蛋的早午餐店」來做出市場區隔，菜單上可以看出主打蛋系列的產品，分成水波蛋、炒蛋、太陽蛋3種系列，並以這3種蛋為基礎延伸出其他料理。由於品牌名稱與店內販賣產品相符，久而久之，不論是熟客還是稀客，EGGY的名稱更容易被刻劃在客戶心裡。

　　針對品牌定位，環境上希望帶給顧客舒適、寬敞的感受，店面裝潢不走時下最熱門的文青風格，反而選擇令人放鬆的澳式休閒風。走進店內映入眼簾的是用黑色蛋盒鋪成的牆面，再以黃色泡棉球拼出店名──EGGY，接著是一張大長桌，引進澳洲習慣與他人分享座位的設計，讓客人能實際體驗在墨爾本吃早餐的情境。運用懸吊式置物櫃置放綠色植物，讓天花板流瀉出綠意，營造生氣蓬勃的氣氛，「另外，想提醒未來想開餐廳的人，租店面前要先了解廚房的管線配置，別租下店面後才想著要如何配置，可以少花點冤枉錢。」陳發恒補充，由於當時沒有考慮到管線配置的問題，導致出餐與收銀動線合一，缺乏順暢感，將來在選址時勢必會特別注意管線與動線規劃。對於未來的經營方向，他會鎖定北部找點，朝直營模式陸續展店，若有機會的話，將設點於商場，希望透過人潮帶來錢潮，創造更大的經濟效益。

（左）出餐動線與結帳動線合一，若是人潮較多時會有些擁擠，這也是未來設置新店面時將改進的地方。（右）EGGY店內招牌菜──蘋果丹麥豬，是以荷包蛋、豬肉、丹麥麵包搭配榛果蘋果醬，口感與味道相當富有層次。

EGGY 什麼是蛋澳式早午餐

開店計畫
STEP

2017.12	2018.02	2018.04
開始裝潢	試營運	正式開幕

品牌經營

品牌名稱	EGGY 什麼是蛋澳式早午餐
成立年份	2018 年
成立發源地／首間店所在地	台灣台北／台灣台北松山區
成立資本額	NT.400 萬元
年度營收	NT.800 ～ 1,000 萬元
國內／海外家數佔比	台灣 1 家
直營／加盟家數佔比	直營 1 家
加盟條件／限制	無
加盟金額	無
加盟福利	無

店面營運

店鋪面積	28 坪
平均客單價	NT.450 元
平均日銷售額	約 NT.2.5 萬～ 3 萬元
總投資	不提供
店租成本	不提供
裝修成本	NT.250 萬元
進貨成本	不提供
人事成本	不提供
空間設計	找設計師

商品設計

經營商品	早午餐
明星商品	蟹肉歐姆蛋、牛肉可頌、蘋果丹麥豬

獨立品牌經營
特色早午餐類型／
早午餐類型

攝影＿Amily

以打造樂活英式早午餐為初衷，
蘊藏文化考究並專注於儀式感經營

把握「她經濟」的要訣，成功攫獲女性青睞

「Engolili 英格莉莉輕食館」（以下簡稱於英格莉莉）於 2019 年
5 月進駐南西誠品，為六角國際餐飲集團繼「ZenQ 再發號冰果
室」、「Bake Code」烘焙密碼、「La Kaffa」與「村上布丁」
等知名品牌，第 5 個自創餐飲品牌。此次投入漸趨於飽和的早午餐
市場，英格莉莉切出與既有品牌截然不同的路線，主推英倫風格早
午餐，並以女性為主要鎖定族群，完美驗證了「她經濟」對於當今
餐飲產業舉足輕重的影響力。

Engolili
英格莉莉輕食館

提供英式樂活早午餐、英式精緻
3 層下午茶組合，以及色香味俱
全的花園飯料理。將經典的英國
文化元素深度移植，以餐點、空
間、服裝與色彩環環相扣，讓消
費者宛若置身於浪漫又愜意的英
倫國度。

文、整理＿王馨翎　攝影＿ Amily　資料提供＿ Engolili 英格莉莉輕食館

❝ 營運心法：
1 **重視空間的氛圍感，深化消費者的體驗。**
2 **英國飲食文化融入在地食材迸出新滋味。**
3 **看好百貨店，選擇進駐提升品牌知名度。**

英格莉莉，從品牌名便可嗅出濃厚的英倫氣息，「英格」即意指英格蘭，「莉莉」則為百合花 Lily 的音譯，而百合花具有象徵獨立女性形象的意涵，兩兩結合便可讀出品牌名的深意，以女性作為主要的鎖定客群，並以英式風格早午餐建立獨樹一格的品牌地位。從 2019 年 4 月開幕以來，第一個月便超過了業績目標，除了新客絡繹不絕，六角國際集團輕食事業處總監汪立偉，亦驕傲的表示，多次來店用餐的回客亦佔有固定的比例，在當今多為「一次性嚐鮮」的消費型態中成功突圍。

深入研究英國飲食文化，融入台灣在地食材迸出新滋味

「台灣的消費者想到早午餐，通常會聯想到美式型態的餐點，但其實早午餐最早起源於 19 世紀的英國，英國殖民美洲大陸時，將此文化引入境內，後來卻是美國將其發揚光大。」汪立偉娓娓訴說起早午餐的歷史根源。2018 年，汪立偉決定創立新的早午餐品牌，為了找出市場中的缺口，他深入研究早午餐的文化歷史，從中也發現台灣消費者對於英國的飲食居多懷有負面的刻板印象，但其實英國有著許多地道卻不為人知的美食料理。「當初決定主打英式風格早午餐，此概念對於台灣消費者而言雖然較為陌生，相對來說也會成為比較新穎的切角。希望能將英國道地的美食引入並分享給台灣的消費者，標榜樂活、天然健康、融合眾多蔬果食材的料理，此外，我們也觀察到這樣的料理方式較為符合當今大眾的飲食取向。」基於這樣的初衷，英格莉莉堅持以低溫烘烤的方式帶出蔬果天然的甜味，減少高溫煎炒的料理方式；此外，於花園飯料理中加入增加膳食纖維的糙米與蕎麥，並放入甜菜根汁一同烹煮，不僅增加了脆口感與色澤，也使蔬菜的甜味得以完整收汁於米飯中，呈現色香味俱全的花園飯料理。

問及提供飯類主食類的原因，汪立偉解釋，所有主打異國料理的品牌，都必定需要適度的在地化，回應當地消費者的需求。台灣仍有很大一部分

的群眾習慣以米飯為主食，故於午、晚餐的正餐時段提供飯類料理，滿足擁有不同飲食喜好的消費者，避免由於提供的品項過於單一，使營運狀況過度受制於用餐的時段。此外，在開發餐點時，汪立偉亦十分重視與台灣當地食材的結合。以英國經典料理「炸魚薯條」以及「牧羊人派」為例，英國道地的牧羊人派採用馬鈴薯泥製作，而英格莉莉則改以地瓜泥呈現，使其口感更為綿密滑口，甜度也更高；英式炸魚薯條，為英國有名的街邊美食，英格莉莉以脆漿薯條以及地瓜薯條賦予多重口感，並將切成塊狀的魚菲力進行油炸，讓炸魚脆度加分的秘訣在於，將外層麵衣裹上鳳梨口味的台啤，啤酒的微酸能讓麵衣更加酥脆。

「研發此品牌耗時了整整一年，一個品牌從無到有，必須歷經長時間的資訊蒐集，進而開始發想品牌內容，過程中也必須不斷檢視服務內容是否能扣合市場所需，而這樣的需求又是否能創造價值？不忘提醒自己，一再地回到消費者的立場去思考品牌存在的意義與價值。」汪立偉回想起構思品牌的過程，微笑地道出此忠告。

看重中山商圈持續活化的潛力，進駐百貨開展知名度

品牌的選址通常被視為致勝的關鍵因素之一，汪立偉亦大方分享其選址考量。起初在設定店鋪所在區域時，便希望能進駐富有人文氣息、觀光客聚集，且具有時尚指標的商圈，綜合以上條件，便選中了中山商圈。而

（左）六角國際餐飲集團輕食事業處總監汪立偉。（右）店內使用金屬元素做妝點，增添質感。

近期甫完工的爵士音樂廣場，經常在休假日時舉辦音樂展演與市集活動，成功吸引大量人潮湧入，有效賦予此商圈另一個活化因子。而在誠品南西店開幕時，由於英格莉莉尚未正式營運，因而未能於第一時間與誠品一同開幕，但汪立偉始終認為誠品不言而喻的人文氣息，十分符合自己的選址期待，因而當品牌整裝待發之時，汪立偉向誠品提了進駐企劃，幸而誠品認為英格莉莉所富含的文化底蘊，以及注重健康與天然的料理，十分符合誠品自身的選店標準，故歡迎英格莉莉進駐，並以此作為開展品牌知名度的第一個據點。

　　問及選擇進駐百貨商場的原因，汪立偉解釋：「新創的品牌十分需要拓展知名度，因此會選擇依附於百貨的光環。此外，餐飲業是十分倚靠聚集經濟的，以東區為例，該區之所以逐漸沒落，主因便是店面接二連三的倒閉，消費者開始覺得無法在同一區完成逛街與用餐的需求，因此轉而選擇商家類型較為豐富與全面的商圈。而百貨商場本身就具有品牌店家種類多元的特性，因此對於消費者擁有一定的吸引力。」

空間氛圍注重人文氣息，面面俱到深化消費者體驗

　　置身於英格莉莉的用餐空間中，可體會到兩種截然不同的英式風情，前半部以「英國藍」為傢飾主色調，並以天鵝絨布料結合玫瑰金元素，展現雍容的輕奢感。後半部則營造出英式的田園鄉村風情，傢具選用具有斑

（上）由於店面天花較低且管線裸露紊亂，汪立偉利用木棧格柵來修飾天花板，並以花草垂吊，鏡面的映照具有擴大空間視覺的效果。
（右）蘊含品牌創立初心的夢雀椅，不僅傢具巧思，巧用鏡面元素的設計也令此區成為店內熱門的網紅打卡拍照點。

駁感的仿舊款式，並以多處垂吊懸掛的花草表現與自然共存的鮮活意境，錯落且巧妙的利用鏡面材質擴大了空間的視覺感。汪立偉表示，希望能將品牌的文化底蘊貫徹至空間設計中，因此牆面的砌磚堅持以手工施作，地面的瓷磚亦特意選用具有復刻人文氣息的復古花磚。而最別具巧思的莫過於設置於吧台旁的「夢雀椅」，利用鏡像原理製造多重反射的效果，使單一物件與人物衍生出無窮的虛像，產生了令人驚異的幻視感。汪立偉如此解釋設計的理念：「夢雀椅寄託的是品牌的核心思想，英格莉莉期望創造的是一個良善之地，而在此良善之地，只要你坐上了夢雀椅，將會湧現無限個自己，同時也會擁有無窮的力量可以實現夢想！」如此具有正向能量的夢雀椅，亦成為消費者拍照打卡的熱門地點，間接的成功達到社群行銷的效益。

　　「客人來店內用餐，最能直接感受到用心的環節便是餐點、裝潢以及精心設計的拍照打卡點，而品牌蘊含的文化元素卻容易被忽略，因此如何將品牌精神完整地傳達給消費者，也是我們努力的重點。例如經典的招牌菜色都會附上插畫小卡，講述菜餚的來源故事；除此之外，服務生的制服亦大有學問，是成功創造英式儀式感的重要元素。」汪立偉進一步解釋，服務生身穿的制服褲，為英國經典的老爺褲，而頂上的帽子則是英式馬術帽，上頭繡有英格莉莉的 LOGO；此外，為了強化領檯的形象，於第一時間攫取消費者的目光，領檯身穿正式的英國馬術服裝，並於肩膀處縫上一隻仿真的英國國鳥「知更鳥」，務求讓消費者眼所能及的事物，無一不扣合英倫風情的設定。

主打健康樂活的英式餐點，以低烹保留蔬果天然甜味；融合在地食材的芋泥口味舒芙蕾鬆餅，口感濃郁香醇，為店內熱門7的創意甜點。

攝影＿Amily　　攝影＿Amily

Engolili 英格莉莉輕食館

開店計畫
STEP

2018.03	2019.04	2020.06	2020.07	2020.10
開始籌備	正式開幕	第二家新展店	海外新展首店	第三家新展店

品牌經營

品牌名稱	Engolili 英格莉莉輕食館
成立年份	2019 年 4 月
成立發源地／首間店所在地	台灣台北／台灣台北中山區
成立資本額	不提供
年度營收	約 NT.3 千萬元
國內／海外家數佔比	台灣 1 家、海外 1 家
直營／加盟家數佔比	直營 1 家、加盟 1 家
加盟條件／限制	不提供
加盟金額	不提供
加盟福利	不提供

店面營運

店鋪面積	約 45 ～ 50 坪
平均客單價	約 NT.400 元
平均日銷售額	約 NT.10 萬元
總投資	約 NT.800 萬元
店租成本	商場費用加總後約 20％
裝修成本	設計裝修約 NT.400 萬元 設備費用約 NT.300 萬元
進貨成本	約總成本 38％
人事成本	約總成本 26％
空間設計	不提供

商品設計

經營商品	英式早午餐、下午茶
明星商品	英式豹紋厚鬆餅、皇式的秘密（英式下午茶三層架）

獨立品牌經營
特色早午餐類型／
早午餐類型

攝影＿＿曾信耀

日系風格街邊小店
外帶早餐吧

三明治與現煮咖啡開始日常每一天

「暖心的街邊小店，無印風的早午餐店，幾乎是到訪過「H&H COFFEE & BAKERY」最常留下的關鍵字。身為「晨型人」的經者 Tim 與毓涵把美好的一天從早餐開始，用心對待，外帶三明治加上現煮義式單品咖啡，就算只是在 TO GO 等待，也能帶給人一份療癒的食物心情。

H&H COFFEE
& BAKERY

崛起於台南巷弄小店林立的風潮，以早餐外帶吧為定位，主打拎了就走的三明治、現煮義式單品與內用烤吐司、手作甜點三種方式，希望從食物到空間都能帶給人一種日常的親和力。

❝ 營運心法：

1 店型主軸明確，經營時段也清晰。
2 品項清楚，外帶為主、內用為輔。
3 日系無印街調性，讓人留下印象。

　　遇見 H&H COFFEE & BAKERY（以下簡稱 H&H）時，就像很多台南巷弄小店，日常步調裡總有一種令人舒心的小日子情趣。COFFEE TO GO 的窗台前，早上 8 點開始忙碌的一天，來來往往的客人稍作停留 5 分鐘，等候的時間是享受咖啡現煮飄來的醇香，間或老朋友聊上幾句短暫的問候，關於 H&H，他和她的故事，要從兩年前說起

店型主軸明確，三明治與咖啡帶著走

　　Tim 和毓涵夫妻倆在兩年前決定實現一直想要開咖啡店的夢想，雖然先前工作經歷都在一般服務零售業，對他們而言，其實都算是服務業，並沒有餐飲業進入障礙，「因為工作十年了，認真想過自己下一步，這個階段應該回歸到自己曾經想做的事了。」毓涵說。

　　從早午餐創業的想法也早有脈絡可循，毓涵解釋她本身就是晨型人，非常重視早餐內涵，喝咖啡更是日常必需品，在開店之前，還因為興趣而報名一些咖啡相關的線上互動課程。H&H 店型的主軸方向一開始就非常明確，分別設定「咖啡與三明治」、「外帶吧」以及「內用的烤吐司」三個主要元素，毓涵觀察早餐時段營業的獨立咖啡店在南部比較少，H&H 開店時間從上午 8 點營業，可因此在傳統早點客群時間重疊上有所斬獲。

品項排除選擇障礙，外帶為主、內用為輔

「我們是先確定品牌走向之後，才著手設計餐點內容」，毓涵進一步說明，為了避免製造選擇障礙的困擾，加上空間坪數限制，三明治品項僅維持供應 3～4 款，以每日 50 份供應量為基準，否則一旦品項增加，將導致冰箱容量與檯面空間愈來愈擁擠，反而打亂原本作業流程的順暢節奏。

僅限內用的烤吐司，在 IG 打卡曝光度很高，毓涵坦言自己是麵包控，就算只是簡單的烤吐司也非常講究，使用的配備又是 BALMUDA 百慕達蒸氣烤麵包機，單純搭配基本款花蜜奶油，後來多了蜜紅豆與肉桂糖兩種自己喜愛的口味，在外帶服務的有效時間管理之餘，撥出一些時間和空間的空檔，投入在自己喜好的事物上，做起事來會更覺得開心與滿足。

緊鄰公園延伸外帶店的空間範圍，營造日系無印街邊小店感

選擇在台南開店，是因為 Tim 與毓涵十年前都在台南就學，決定結束北漂的日子，夫妻倆倒是默契十足地都想落腳台南，而且尋覓店鋪的過程也比預期中順利。H&H 位於次要帶路，緊鄰社區公園，符合作為外帶店的延伸，「這個不到 4 坪的空間對我們想要的條件稍嫌小了些，但因為很喜歡周邊的環境，乾脆就姑且一試吧！」毓涵說。

外觀看上去，H&H 給人一種日系雜誌風拍照效果，也被很多部落客形容是無印風格。其實 H&H 所在的黃金三角地帶，原是一片畸零地的空地，

（左）金牛座的Tim與牡羊座的毓涵思考模式很互補，也讓這間店擁有了屬於他與她的生活方式。（右）TO GO窗口緊鄰社區公園，客人來點餐等候時，不會聚集在道路上，寬闊的空間感化解了行色匆匆的焦躁情緒，也不影響行車安全。

攝影＿留信輝

攝影＿留信輝

（上）H&H的LOGO設計上，不只包含他和她，漏斗圖形也代表了對手沖咖啡的喜愛。（右）（右上）這間迷你小屋左窄右寬，左側為吧台區，右側為座位區，吧台工作區空間狹小，因此Tim和毓涵必須各有分工領域，一人負責餐點與長凳座位窗台，一人負責飲品與TOGO外帶吧。

（上）雖以外帶吧為主要營業項目，毓涵仍希望保留兩張桌子的室內座位，帶來角落的安靜時光。

使用輕隔間構建牆面，毓涵還是想要有提供室內座位設定，也不願將就只擺進來桌椅流於形式的作法，因此空間設計手法大量運用了她偏愛的木質調，木作窗框、木門片、木桌椅，偶爾變換花藝，每天早上陽光照進室內，都記錄在 Tim 與毓涵的視角裡。

　　金牛座的 Tim 與牡羊座的毓涵，一個想法天馬行空、一個行事深思熟慮，恰恰互補又平衡。工作時，兩人分工明確，Tim 負責餐點，毓涵負責飲料，現階段就是穩紮穩打做好每一天，「我們的風格就是日常」，把生活過得有滋有味，就是他和她的故事。

攝影＿曾信耀

攝影＿曾信耀

（左上）由於坪數空間有限，室內吧台區與座位區不可能任意變動，毓涵多半會利用一些花藝，來為空間增添變化感。（右上）僅能放進兩張桌子的內用座位區，毓涵特地在這裡開了一扇窗，戶外的植栽綠意與老式單車，就是一道窗外風景了。（左下）（右下）內用限定的烤吐司，基本款的花蜜奶油選用了東山龍眼蜜與法國鮮奶油；洋芋蛋沙拉、咖哩雞肉三明治也是獨家調配的口味，若能在店內享受慢步調的話，不妨來一杯毓涵推薦的香檸美式或檸檬梅子蘇打，難得好時光。

攝影＿曾信耀

攝影＿曾信耀

H&H COFFEE & BAKERY

開店計畫
STEP

2018
開始營業

品牌經營

品牌名稱	H&H COFFEE & BAKERY
成立年份	2018 年
成立發源地／首間店所在地	台灣台南／台灣台南市東區
成立資本額	不提供
年度營收	不提供
國內／海外家數佔比	台灣 1 家
直營／加盟家數佔比	直營 1 家
加盟條件／限制	無
加盟金額	無
加盟福利	無

店面營運

店鋪面積	3 ～ 4 坪
平均客單價	不提供
平均日銷售額	不提供
總投資	不提供
店租成本	不提供
裝修成本	不提供
進貨成本	不提供
人事成本	不提供
空間設計	不提供

商品設計

經營商品	早餐（三明治）、咖啡
明星商品	蟹三明治、烤吐司

獨立品牌經營
特色早午餐類型／
早午餐類型

攝影＿曾信耀

台南老屋早午餐
手作料理好感加乘

跨文化餐飲與在地食材別具新意

In Stock
飲食客

「In Stock 飲食客」挾著台南老屋改造光環，在一波網美風潮中趁勢而起。北漂多年的創辦人張順賢選擇回老家實現開店的夢想，以台南在地食材創作手作料理特色，台南虱目魚、台南牛、台南黑豬肉，甚至從台南小吃發想而來，在大同小異的早午餐市場競爭之下，脫穎而出。

以早午餐起家，之後結合餐酒館經營型態。半世紀台南老宅注入工業風設計，台南在地食材結合創意西式手法，堅持手作，不用工廠半成品，由主廚嚴選當季盛產食材，讓客人吃到健康幸福的食物。

❝ 營運心法：

1 強化台南在地食材，突顯餐點特色。
2 早午餐 + 餐酒館型態，提升營收效益。
3 利用台南老屋改造話題，帶動宣傳。

　　台南老屋的街屋立面典藏著這座老城市動人的時光記憶，In Stock 飲食客在連棟式建築的重新詮釋之下，連續獲得國際設計大獎等殊榮，老屋與手作料理在台南遍地開店的早午餐型態之中，一直是人氣指標所在。

餐點設計多元性，強化台南在地食材

　　張順賢將自己老家改造之前，已投身餐飲業近十年，雖然念的是環境工程，但及早認清與自己興趣不相符，「那時想說不然來做菜看看，這條路竟就一去不復返了，一直做到現在。」

　　離開公職之後，張順賢便前往澳洲念餐飲學校，並曾在墨爾本 Meat & Wine co 牛排館工作，在澳洲的五年時光不僅僅是他啟蒙的里程，也是打開他對餐飲的新視野。回台之後，他陸續在瓦城泰國料理、晶華酒店等不同餐飲領域精實歷練，曾主動請纓進到中央廚房工作，日本料理店生魚片、西班牙烤飯也都曾是他學無止盡的歷程之一。

　　餐點的設計體現張順賢工作上的閱歷廣泛，台南的魚堡、墨西哥的泰國人、來自外國的家鄉味等等，不刻意將自己定位在無國界料理，而是主張食材的多元性；回到台南開店，他更想做的是結合台南在地食材的特色，藉此與坊間早午餐類型做出區隔，包括台南的虱目魚、黑豬肉、善化的牛都在菜色裡，尤其從台南小吃發想也是他的靈感來源，如台南酸菜鴨化為台式西作料理，傳統與創新是他享受做菜的樂趣。

採取早午餐與餐酒館複合型態，提升營收效益

In Stock 飲食客開店兩年多以來，最初是早午餐店型，第二年考量營收面，因而增加晚上營業時段，重新調整為早午餐與餐酒館的複合型態。張順賢對食材有著擇善固執的堅持，不使用現成材料，包括蕃茄醬調製、薯條製作、巧巴達麵包烘焙，就算備料繁瑣費工也要自製的原則，「我想讓客人吃到食材而不是食品，這是我開店最原始的初衷。」

但是張順賢坦言，台南人消費行為很重視 CP 值，在台南開店最需要適應和調整心態的層面就是價格。In Stock 飲食客餐點定價以 NT.300 元為基準，餐點內容類型廣泛，有捲餅、漢堡、燉飯、吐司、義大利麵等等，由於年輕人嘗鮮感屬性重，針對年長者所偏好飯類和麵食品項特別加強比重，如此一來能更有效地培養固定消費的慣性。

善加利用台南老屋改造話題，制訂行銷策略

北漂多年，回台南一圓開店的夢想，張順賢在父母的支持下，順利將老家改頭換面。老宅外觀盡可能保留回憶和溫度，與街坊交織日常生活語彙，室內則展開嶄新的空間藍圖，以黑灰白色調建構為老屋個性本質，溫潤木色帶來溫馨舒適的用餐氛圍。

台南老屋的天井，加上綠意植栽點綴，老宅翻新也可以不落俗套。身為廚師的順賢最在意廚房空間，「我希望讓客人可以看到製作過程，所以

（左）張順賢在餐飲領域近十年光景，從西式、中式、泰式、日式料理多所涉獵，將台南在地食材作為主軸，相對於一般早午餐內容予人耳目一新的創意組合。（中）位於台南中西區府前路上的連棟式建築，設計師特意為50年老宅盡可能保留原始的建築立面，僅以水泥粉光重塑質樸感，為老屋繼續傳遞往昔時光的回憶和溫度。（右）從1樓走過，從2樓後面進入，等於空間的前後關係產生有趣的連結，1、2樓之間營造一種散步式體驗，透過天窗的光線，在樓梯轉角牆面上的品牌LOGO設計映出不同的光影感。

攝影＿曾信耀

攝影＿曾信耀

攝影＿曾信耀

攝影__曾信耀

攝影__曾信耀

（上）張順賢希望擁有的半開放式廚房，規劃在走道動線一側，將樓梯設定在底部，讓客人可以透過玻璃窗看到廚房的動態，如此一來對餐點會覺得更安心。（下）在連棟式建築呈現一個平面、一個保留斜屋頂，使屋頂紅磚裸露而出，但打通成為同一個空間使用，而使用西班牙花磚地板，則是重新詮釋老屋，注入鮮活亮麗的新印象。

攝影__曾信耀

（上）雖以外帶吧為主要營業項目，毓涵仍希望保留兩張桌子的室內座位，帶來角落的安靜時光。

一開始就決定要一個半開放式廚房」，而移除老屋原有的樓梯，將樓梯設定在底部，不僅在 1、2 樓之間營造一種散步式體驗，穿行走道時一邊欣賞廚房裡的動態，給人真實的生活互動。

　　水泥粉光的牆面上只見品牌 LOGO 設計作為裝飾語彙，In Stock Fun Kitchen 英文字所圍塑的「食」字，代表了民以食為天，最簡單明瞭的意涵。身為經營者，張順賢深知必須走出舒適圈，以往只需要在廚房負責出菜，如今則要學習與客人聊天交流，歷經開店的磨合期，從早午餐到餐酒館調整出品牌最佳的營運模式。

（左上）（右上）張順賢透露自己喜愛植物，特地和設計師溝通，希望營造窗台植物風景，藉此平衡整體工業風格裝潢冷調的空間感。（左下）利用玻璃讓室內室外有敞明的穿透性，室內更時尚感，水泥地板的粗獷感，搭配磚造吧台，個性品味表現得純粹又俐落。（右下）海鮮大師義大利麵擺上小卷、挪威鮭魚、阿根廷紅蝦，搭配季節蔬菜、蕃茄，對於偏好麵食和飯類的年長者而言，更加契合他們的飲食習慣。正適合夏天季節的鳳梨金桔冰茶，也是使用台南在地食材的好時機。

攝影＿曾信耀
攝影＿曾信耀
攝影＿曾信耀
攝影＿曾信耀

In Stock 飲食客

開店計畫
STEP

2018
開始營業

品牌經營

品牌名稱	In Stock 飲食客
成立年份	2018 年
成立發源地／首間店所在地	台灣台南／台灣台南
成立資本額	約 NT.100 萬元
年度營收	不提供
國內／海外家數佔比	台灣 1 家
直營／加盟家數佔比	直營 1 家
加盟條件／限制	不提供
加盟金額	不提供
加盟福利	不提供

店面營運

店鋪面積	38 坪
平均客單價	約 NT.350 元
平均日銷售額	約 NT.2 萬元
總投資	不提供
店租成本	NT.3 萬元
裝修成本	設計裝修＋設備費用 NT.400 萬元
進貨成本	NT.20 萬元
人事成本	NT.15 萬元
空間設計	木介空間設計

商品設計

經營商品	早午餐、餐酒
明星商品	牛肉燉飯、海鮮大師義大利麵、虱目魚漢堡

獨立品牌經營
特色早午餐類型／
早午餐類型

攝影__江建勳

不當網紅名店，
而是值得一吃再吃的經典美味

忠於美式原味，台灣早午餐的老字號

2006 年，在智慧型手機尚未普及、早午餐餐廳數量能用手指頭算出來的年代，「the Diner 樂子」（以下簡稱樂子）可說是美式早午餐的先驅，14 年的時間過去，樂子不僅成為早午餐業界的經典代名詞，更秉持穩紮穩打的開店速度，有計畫性地在台灣拓展市場，讓更多人能吃到最道地的美式早午餐。

the Diner 樂子

提供最道地的美式口味，深受顧客好評，開啟了台灣美式早午餐的潮流。選用新鮮食材，用心烹調道地的美國味，營造輕鬆友善的用餐環境，供應全時段可享用的美式早午餐，目前全台共有 4 家分店。

文__陳頌如　攝影__江建勳　資料提供__ the Diner 樂子

" 營運心法：
1 講求新鮮食材，全天供應美式早午餐。
2 打造美式街頭風，感受紐約街邊景致。
3 加強行銷與服務，鞏固品牌自身實力。

回憶起 2006 年，全台最風靡的就是 NT.99 元義大利麵，幾乎每個街區都會有一間，但每個人都在做同樣的料理，再多開一間有意義嗎？創業初期，the Diner 樂子營運長杜湘怡一面觀察餐飲市場，一面思考該創立什麼樣的店，能夠吸引大眾的目光。當時中西美食、NY Bagels 都是她經常光顧且很欣賞的店，在與丈夫劉世偉討論過後，決定朝美式早午餐、手工漢堡這個方向去發想餐廳的樣貌。「本來只想經營一間小店，會開到四間店其實也是漸漸被市場推著走。」杜湘怡笑著説。

講求新鮮食材，全天候供應美式早午餐

「diner」這個詞在美國的意義就如同台灣人吃家常菜的餐館，只是將漢堡、薯條換成餃子、黑白切，是隨處可見的餐廳，但當時在台灣還未風靡，於是杜湘怡與劉世偉開始以「diner」這關鍵字搜尋菜單，逐漸刻劃出店面的藍圖。此外，身為餐飲工作者，經常在午後下班時段找不到東西吃，她們希望打破以往餐廳下午都要休息的印象，提供全天候的美式早午餐，讓想在任何時段吃飯的人都能夠填飽肚子。

最初在設立第一間瑞安店時，每天提供的漢堡肉都是純手工製作，希望和大型連鎖美式餐廳，以中央廚房包裝每道料理分配至各店再加工有所區隔，現在因為 4 間店數量較多的關係，改找品質良好的廠商來客製化店內所需的漢堡肉。不過，醬汁、湯品等約 90% 需要從頭開始製作的品項，都還是每天現做，因為好的食物來源才能創造最佳的餐點。目前不僅推出

季節性菜單，還根據美國趨勢觀察到健康、蔬食、素食會是之後的飲食流行，因此為了因應大眾的需求，菜單將逐步拉高健康蔬食的比例，依然保有漢堡、早午餐，但變成一半是蔬食，一半為原有經典餐點，去年曾推出的花椰菜米，從它的高銷售量即可判斷出健康蔬食的潛力無窮。

打造美式街頭風，讓每位用餐者感受紐約街邊景致

黃色霓虹燈配上精神飽滿的公雞，將店名 LOGO 以牆面設計呈現，深化品牌意象，不只讓人一進入就知道這是樂子，也成為客人拍照打卡的區域，部分燈飾則以梅森罐訂製而成的吊燈，為整體視覺增添趣味。空間調性上，由於展店時程拉得比較長，因此各店鋪是依照杜湘怡每段時間的喜好來設計。

（下）走進門口會看到一棵大樹，服務生在此引領客人前往2樓用餐區。

攝影＿江建勳　攝影＿江建勳

（上）2樓最先看到的是吧台設計，體貼喜歡隻身前來，看球賽同時用餐的顧客，不需要和其他人併桌。（下）黃色為the Diner樂子主要設計原色，信義旗艦店天花板偏低，以黃色加藍色做跳色搭配，降低天花板給人的壓迫感，使空間充滿活力。

以信義旗艦店為例，走入店門口會看到一棵大樹，從1樓延伸至2樓，被樓梯所打造出來的天井包圍。2樓設計則強調美式街頭風，設有吧台區讓想看球賽或隻身前來的客人不孤單，由於天花板偏低，為了不讓客人用餐時備感壓迫，底部以深灰色為基礎，外部管線則以藍色、黃色做跳色搭配，地面畫上斑馬線，真的會讓人誤以為自己坐在紐約街邊吃早午餐呢。

身為早午餐的先驅，杜湘怡認為餐廳最吸引人的是美味的餐點，只要把品質控管做好、研發新菜單，加強行銷與服務力，鞏固好品牌自身實力，比不斷模仿網紅店鋪的設計、菜單還更重要，未來樂子依然專注於品牌與消費者洞察，持續提高顧客滿意度，期待經典美式早午餐的熱度持續延燒到下個14年。

（左）班尼迪克蛋系列是the Diner樂子的明星商品，除了經典的火腿與燻鮭魚，近幾年還推出台灣專屬的炙燒豪野鴨胸、客家鹹豬肉口味。（右上）（右下）the Diner樂子以黃色霓虹燈搭配公雞當作LOGO設計，不僅深化品牌意象，還變相成為客人最愛打卡的區域，一舉兩得。

the Diner 樂子

開店計畫
STEP

2006.03	2006.05	2007	2008	2011	2014	2016
開始籌備	正式開幕	開業不到 1 年 獲利打平	成立敦和店	成立信義店	成立南港店，敦和 店租約到期	成立新竹店

品牌經營

品牌名稱	the Diner 樂子
成立年份	2006 年
成立發源地／首間店所在地	台灣台北／台灣台北大安區
成立資本額	NT.300 萬元（2006 年當時的金額）
年度營收	不提供
國內／海外家數佔比	台灣 4 家
直營／加盟家數佔比	直營 4 家
加盟條件／限制	不提供加盟
加盟金額	不提供加盟
加盟福利	不提供加盟

店面營運

店鋪面積	約 92 坪（信義旗艦店）
平均客單價	每人約 NT.450 ～ 480 元
平均日銷售額	約 NT.10 萬元
總投資	不提供
店租成本	月營業額的 10 ～ 15%
裝修成本	設計裝修約 NT.300 萬元
進貨成本	月營業額的 35%
人事成本	月營業額的 35%
空間設計	委託設計師

商品設計

經營商品	早美式早午餐
明星商品	班尼迪克單系列商品

獨立品牌經營
特色早午餐類型／
早午餐類型

善用自身美學經驗
堆砌鄉野獨有韻味

咖啡香 X 暖飯糰 X 鐵道景，成功擄獲來客之心

座落於宜蘭縣頭城鄉的小花徑咖啡 FLORET CAFE（以下簡稱小花徑），其經營者之一的葉子菲，是位熱愛旅行的藝術創作者，也同時是台北市赫赫有名的小南風手沖咖啡館（以下簡稱小南風）創始人。幾年前，葉子菲與家人一同回到先生故鄉，原是打算教授兒童美術為職業的她，卻意外在友人的盛情邀請之下，促成小花徑的誕生。

小花徑咖啡
FLORET CAFE

位於宜蘭縣頭城鎮的小花徑咖啡 FLORET CAFE，其風格簡樸素雅；位於空間一角的列車觀景窗吸引許多遊客駐足，其中店內會不定期舉辦各種文藝展覽；餐點部分包括熱門的小花徑飯糰餐，以及每日限量供應的甜點，適合旅人在這休息片刻，等待觀賞列車行經時的美景。

❝ 營運心法：
1 以生活品味的累積，勾勒出品牌輪廓。
2 提出飯糰套餐服務，創造市場差異性。
3 適才分配作業領域，讓品牌永續經營。

　　葉子菲説道，在頭城鎮的時光常與友人一家小聚，彼此逐漸熟悉後，對方得知自己擁有經營過咖啡館的專業，便想與之合作，希望讓在地擁有一間文藝展覽性質的咖啡館，地點則是想選在一間販賣木件工藝店旁，而那空間，便是工藝店既有的鐵皮倉庫。她坦言，當初在預想此空間作為商業用途，坪數雖然足夠，卻也擔心其兩側緊鄰馬路與鐵道的位置，會造成噪音干擾，然而這一切擔憂，卻在她轉個念頭後隨之消散。

源於對生活品味的累積，影響著品牌呈現的容貌

　　原來，她想起曾待在日本東京的咖啡館時，那偶遇列車行經窗外時的瞬間感動，而這無可取代的回憶，也讓她對於小花徑的創立，有了更深層的期待，她想著，或許能夠將自身長年對各地咖啡館累積的品味與美感，轉而投注到小花徑的品牌精神上。因此，在小花徑的設計過程中，葉子菲捨棄過度裝修，反而是依循自身喜好，一點一滴加入自身所愛的美感，她認為，一處空間即使透過硬體裝修美輪美奐，但如果使用者本身就不夠講究生活細節，那久而久之，空間的美感也會大打折扣，反倒是以真心喜歡為出發點，才能夠將空間與生活型態結合地自然舒適。對此，她僅是簡單地利用窗牆，將原本梯形格局的鐵皮屋重新水平拉齊，好讓室內格局能方正使用；再者，店內最重要的核心工作區吧台，她沒有選擇壓縮到牆邊角落，而是面向車道配置，她笑説，「只是因為我任性希望能在工作時，一

抬頭就能看到遠方群山，尤其是天氣好時，那種景色帶來的療癒，對我來說非常重要。」

另外，小花徑令人耳熟能詳的特色，便是那能看見列車行駛而過的觀景窗，其實，這也是意料之外的爆紅，當初只是覺得那角落很適合開窗，無論是陽光灑落或列車呼嘯而過，都能構成不經意的美景，即便有顧客建議她多開幾處，以利吸引更多觀光客，她也只想適度規劃空間，反而窗子開多了，一來整體視覺就不平衡，再者，對於常有颱風迎面侵襲的宜蘭也不安全。

推己及人的縝密心思，拉近與顧客間的距離

當問道小南風與小花徑的差異，葉子菲回答道，小南風主打手沖咖啡，相較之下，小花徑提供更多餐點品項，這起因於小花徑的客源多是家庭客與觀光客，本身交通位址已經不如小南風便利，假使顧客大老遠跑來，卻只有甜點果腹，其實對他們不太方便，加上家庭客群有老人或小孩，他們對餐點的需求會多過飲品，因此，葉子菲與友人延伸出飯糰套餐的想法，一來飯糰可隨季節變換口味，替換食材的彈性更高，不同於大型餐飲品牌受限於制式品項；再者能大幅提高顧客飽足感，使對方停留時間與消費意願皆大幅提升，甚至注重飲品細節，新增了小孩能接受的氣泡水與果醋等品項，貼心兼顧著各類客群的需求。

（左）紺藍色的線條，縱橫交織於米白牆面，小花徑以其簡潔爽朗的門面佇立於宜蘭鄉野間。（右）列車觀景窗位於空間一角，開窗面積不大，卻是最吸引人駐足的空間；喝著咖啡，相繼等待著與列車的不期而遇。

攝影＿＿江建勳

攝影＿＿江建勳

攝影＿＿江建勳

雖是以二手木料與古物傢具進行設計，設計師卻善用木材本身的紋理與色澤相互搭配，使空間充滿層次卻不失一制性，
加上古董傢具歷經多年使用產生油潤光澤，在自然採光或燈光交錯照射下，透出古樸沉穩兼具的年代感。

適才分配作業領域，藉專業合作讓品牌永續經營

伴隨著小南風獨到品味的成功經營下，成立近 2 年的小花徑，自身也開始擁有了擄獲人心的魅力之處。葉子菲說道，「其實，我是個很重視直覺的人，因此在創業過程中，比起預設商業利益，更在乎品牌的核心價值是不是我所認同的，包括在經營上，我跟朋友也是依據自身專業而相互合作，她是非常善於料理的人，而我則專注在飲品與策劃展覽的部分，品牌能順利營運，也是源於彼此對分工的信任。」

由於認真經營品牌的堅持與成功為人所認同，當面對有人想加盟小南風，甚至提出想開在香港的想法時，葉子菲最在意的是，品牌精神能不能讓被延續下去？對她而言，無論是小南風或小花徑，兩者並不只是一家店面或是一個品牌，而是在生活中認清個人對品味的堅持、衷於自我的初心理念，最終，選擇自己最喜歡且自在的生活方式。

（左）（中）葉子菲對於適切的美感堅持，反映在小花徑的軟裝佈置上，她善用各種二手木料與古物的搭配，無論是二手門片變身成桌板，或是殘留著手寫字跡的老木櫃，擺上些許乾燥花與鮮花點綴，都能在店內找到適合它們棲身的角落，讓小花徑因為這些二手物件的存在，有了更多靈魂與故事。（右）現場捏製的炙燒明太子飯糰是店內人氣招牌；另乘裝的器皿，包含餐盤或杯器，皆是葉子菲親自與當地陶藝創作者客制訂做，陶的溫潤特質，自然烘托出餐點飲品的質樸感。

攝影__江建勳

攝影__江建勳

攝影__江建勳

小花徑咖啡 FLORET CAFE

開店計畫
STEP

2018
小花徑咖啡 FLORET CAFE 開幕

品牌經營

品牌名稱	小花徑咖啡 FLORET CAFE
成立年份	2018 年
成立發源地／首間店所在地	台灣宜蘭／台灣宜蘭縣頭城鎮
成立資本額	不提供
年度營收	不提供
國內／海外家數佔比	台灣 1 家
直營／加盟家數佔比	直營 1 家
加盟條件／限制	暫不開放加盟
加盟金額	暫不開放加盟
加盟福利	暫不開放加盟

店面營運

店鋪面積	約 30 坪
平均客單價	約 NT.140 元
平均日銷售額	不提供
總投資	不提供
店租成本	不提供
裝修成本	不提供
進貨成本	不提供
人事成本	不提供
空間設計	小花徑咖啡 FLORET CAFE

商品設計

經營商品	手沖咖啡、飯糰套餐、手工甜點
明星商品	飯糰套餐、有機豆漿吐司、手工甜點

攝影＿＿Amily

百元定價、
不定期推出限定餐點

搭配秘密社團行銷手法，成功黏住客人的心

說「好初早餐」是新北市板橋早午餐始祖一點也不為過，當 10 年前僅有傳統連鎖早餐的選擇，創辦人陳頌成看準這個市場缺口，加上做出和別人不一樣口味的餐點設計、百元定價策略，以及不定期推出限定菜單、趣味的行銷活動，讓客人保有新鮮感，怎樣也吃不膩。

好初早餐

好初早餐、好初二二為好初早餐系列，2020 年也即將跨足台北市成立好初三店，餐點如一拳排骨三明治、經典男朋友沙拉，鹹鹹紅茶、好初奶茶，皆為人氣熱賣，也會不定期推出限定特殊餐點，讓客人對好初早餐保有新鮮感。

❝❝ 營運心法：
　　1 相中區域人流，進駐別人不敢做的位置。
　　2 百元定價、特殊口味策略，讓人吃不膩。
　　3 秘密社團、主題日，不靠廣告打響名聲。

　　提到板橋早午餐店，絕對少不了好初早餐，創業至今 10 年，好初早餐也開設二店「好初二二」，穩坐網友們心目中板橋早午餐前十名排行，2020 年更即將進軍台北市，如今的成功絕非偶然，因為陳頌成從大學時期就夢想要開早餐店。「我很喜歡吃早餐，也認為早餐是最重要的一餐，所以常常帶著一份報紙，特別跑到比較遠的地方吃早餐，吃完再心滿意足的去上班。」甚至於，他每吃一間就寫一篇部落格，卻發現板橋早餐選擇有限，「當時大多都是連鎖加盟形式，餐點幾乎沒有分別，根本吃不出差異性，為什麼午、晚餐的選擇有一百多種，但早餐卻只有中式、西式和便利商店？」笑稱是因為對早餐圈的不滿，加上澳洲打工度假 2 年做了各種早餐的經驗，決定讓陳頌成開一間屬於自己版本的早餐店。

選址先算人流，挑別人不敢做的位置

　　由於陳頌成住在板橋，創業初衷也是希望能改變板橋沒有好的早餐店，因此一開始很明確鎖定江子翠商圈，評估附近有捷運站、市議會，與辦公大樓優勢，為了抉擇店面，陳頌成和太太甚至在鄰近的麥當勞站了一整天計算人流，「我們發現來往巷子的機車流量很高，唯一的課題是如何吸引他們停下來。」陳頌成回憶道。於是，他選擇別人眼中奇怪、不起眼的店面，憑著過往從事室內設計師的經驗，將好初早餐一店的隔間完全打開，寬敞的大面玻璃窗景，引進明亮充沛的採光，配上一張大尺寸木頭餐桌，店招牌清楚明確的「好初早餐」，以及走入店內即可看見黑板牆上菜單選項與價位，親切舒適的空間氛圍成功吸引人潮。「好初早餐的客群沒有年齡層限定，因此空間必須舒服無壓力，連阿嬤走進來也不違和，也不能讓人害怕進入、或是不知道賣什麼，這點非常重要。」陳頌成分析。所以即便是後來成立的好初二二，他同樣堅持三角窗店面，藉由光線、開闊

感的空間規劃，加上漫畫、雜誌這類輕閱讀的提供，創造出讓人能夠久坐的早餐環境。

百元定價、特殊口味策略，讓客人吃不膩

　　既然賣的是早餐，陳頌成認為定價必須親民化，他把每份餐點設定在百元以內，就是希望客人能常常來，「早餐是日常消費行為，如果超過 NT.150 元，客人一個禮拜大概會來一次，低於 NT.100 元，一個禮拜吃 3 次以上的機會就提高了，」陳頌成說道。不僅如此，好初早餐的菜單設計也是決勝點，傳統早餐店的品項至少 80 ～ 100 種，但即便種類多，也只是 A+B+C 的重複組合模式，「一間對食物、口味負責任的店家，應該調配屬於自家的味道，」因此陳頌成刻意將菜單濃縮到約 20 種，以三明治、厚押餅、拖鞋堡、漢堡為主要品項，再去延伸發想不同的口味搭配、且避免重複，同時也做出跟別人不一樣的口味，例如他從夜市炭烤豬肉為靈感，創造出板煎鹹豬肉拖鞋堡，以及每逢春節前後才會有的期間限定——小林村年糕押餅，是用柴燒年糕搭配厚押吐司，一推出就深獲客人喜愛，而近期更有特殊的麻辣香腸漢堡，除了固定早餐品項，不定時推出期間限定菜單，讓客人每次來都有新鮮感，是他認為最重要的。

秘密社團、主題日、聯名活動，不靠廣告打響名聲

　　提到創業初期的來客數，陳頌成坦言前半年並沒有太好，直到開業滿一年的某天，突然大排長龍，讓原本只有夫妻倆加上妹妹的小團隊面對大批人流一時無法負荷，只好趕快補齊工作人員，陳頌成後來才知道，原來板橋住了不少部落客，當時陸續有幾個知名部落客寫了推薦文，運氣加上時機，讓好初早餐逐漸打出名氣。也由於來客數提高，為了平衡人潮，陳頌成才決定開第二間分店好初二二，「好初二二開店的第一個月，鐵門才開一半，排隊人潮早已看不到尾端，我們看到都繃緊神經。」陳頌成記憶猶新。

　　除了部落客的推薦文，好初早餐一開始也有成立粉絲頁，即便人數攀升到 7 萬，然而隨著臉書演算法的改變，觸及率下降，陳頌成開始思考，「應該要有更私密的地方，大家才會互動，」於是他轉往成立「好初常客偷偷來」社團，當 TA 明確之後，舉辦活動的成效也更為精準，陳頌成補

攝影＿Amily

（上）2樓最先看到的是吧台設計，體貼喜歡隻身前來，看球賽同時用餐的顧客，不需要和其他人併桌。（左下）從使用者需求角度去思考空間規劃，點餐櫃台必須鄰近大門，如此一來可以加速外帶時間，也能提高點餐速度。（右下）選址以三角窗為主，透過大面落地窗引進充沛明亮採光，入口牆面漆上綠色配上鮮黃色LOGO招牌，轉進巷子立刻就會發現其存在。

攝影＿Amily

攝影＿Amily

充說道。有趣的是，好初早餐也常常因應節慶推出店內主題日，尤其是元旦這天對好初來說更別具意義，「我希望好初能有一些屬於自我品牌的文化，因為我們取名好初，也希望一年之初有一個好的開始，所以這天會有專屬的餐點，錯過就沒有，也會特別重新佈置空間，」陳頌成說。近期，好初早餐更與台北另一間知名的早午餐「餵我早餐」推出聯名活動，透過交換餐點的活動，期待品牌聯手能帶動一波行銷，未來也不排除與其他早餐品牌合作。

猛K管理書學數字，設定KPI擴大好初藍圖

初次創業，又是全然陌生的領域，面對經營、管理，陳頌成也下足苦心，包括大量閱讀管理書籍，了解開店成本架構的基本概念，再根據好初現有狀態去調整分配，從去年開始，他也意識到必須設立區經理制度，平常可協助他掌管兩間店面，讓他更有時間去思考好初早餐的未來藍圖應該如何往下走，同時今年也開始實施設立年度目標、月目標，再加上五個好初早餐活動，不僅僅是檢視營業額，更重要的是陳頌成希望好初早餐不是一間無聊的店，「活動行銷不一定要賺錢，但必須對客人、對社會有意義。」面對即將跨足台北市成立三店，甚至未來還有四店的計畫，陳頌成期許以極限服務與餐點，滿足客人的心與味蕾。

（左）戶外用餐區原本一致使用油桶搭配高吧座椅，但陳頌成發現客席率並不高，於是從日本富士音樂祭擷取靈感，部分替換成露營桌椅，製造更為放鬆的氣氛，反而吸引更多客人選擇此區座位。（中）由夜市炭烤豬肉得來的靈感，將板前鹹豬肉與拖鞋堡結合，配一杯鹹鹹紅茶，細緻奶泡甜中帶鹹的濃度恰到好處，也是店內人氣組合。（右上）好初早餐的招牌——一拳排骨三明治，秘製醃製的排骨裡加了些許紹興酒，咬起來厚實入味、也不會過鹹，對女生來說很有飽足感。（右下）別於一般餐飲點餐使用號碼牌，好初早餐以各式動物公仔取代，以趣味、新鮮製造話題。

攝影__Amily

攝影__Amily

攝影__Amily

攝影__Amily

好初早餐

開店計畫
STEP

2011.05	2011.07	2012.07	2013.05	2013.10	2014.10	2019.12	2020.03
開始籌備	好初早餐開幕	因為網路紅利，開始店內生意升溫	好初二二籌備	好初二二開幕	好初二二開業一年，獲利正式打平	台北好初中山店籌備	台北好初中山店開幕

品牌經營

品牌名稱	好初早餐
成立年份	2011 年 7 月
成立發源地／首間店所在地	台灣新北市板橋／台灣新北市板橋
成立資本額	約 NT.100 萬元
年度營收	NT.1 千萬元
國內／海外家數佔比	台灣 3 家
直營／加盟家數佔比	無
加盟條件／限制	無
加盟金額	無
加盟福利	無

店面營運

店鋪面積	約 30 坪
平均客單價	每份約 NT.150 元
平均日銷售額	約 NT.3 萬元／日
總投資	約 NT.100 萬元
店租成本	不提供
裝修成本	設計裝修約 NT.250 萬元
進貨成本	不提供
人事成本	NT.32 萬元
空間設計	高梵設計

商品設計

經營商品	早餐
明星商品	一拳排骨早午餐

攝影__沈仲達

主打小農食材、
創意調味

搭配溫暖綠意空間氛圍，抓住客人的胃

座落於台北市民生社區的「松果院子 Restaurant Pinecone」，早午餐系列一直擁有超強人氣，多樣化的食材組合，視覺味覺獲得滿足之外，也感受得到食材的品質，而這就是負責人藍天蔚所訴求，期望以健康無毒小農食材，加上顛覆過往早午餐、義大利麵的傳統調味與搭配，做出與市場上的差異化，獨特口味也因此提高回頭率。

松果院子
Restaurant
Pinecone

店內的核心精神為「選用好食材，是一種信仰」，訴求使用無毒小農食材，餐點 90％都是從原物料製作而成，包含手工寬麵、手揉老麵包、各式甜點。

❝ 營運心法：
1 嚴選小農食材做出健康獨特餐點。
2 店鋪經思考，打造具人味的氛圍。
3 重視細節、服務，打動客人的心。

　　開店至今短短 3 年左右，座落於台北市富錦街的松果院子 Restaurant Pinecone（以下稱松果院子），早午餐系列一直擁有超強人氣，多樣化的食材組合，視覺味覺獲得滿足之外，已成為知名的人氣早午餐餐廳，負責人藍天蔚其實是從科技新貴轉職餐飲業，過去年復一年、朝九晚五的工程師職涯，讓他不禁開始思考「這真的是我想要的生活嗎？」於是在 14 年他毅然決然遞出辭呈，用幾年來的積蓄加上貸款，從自己喜愛的義式料理為出發，開了第一間平價義大利麵餐廳，可惜隔年剛好遇上食安風暴，加上食材成本高、營收沒有起色，最後藍天蔚決定認賠結束營業。

嚴選小農食材、加入創意搭配，做出健康獨特餐點

　　令人意想不到的是，結束了義大利麵餐廳，藍天蔚想的是如何開始第二間店，難道不擔心再度失敗？藍天蔚自我分析，第一間店開在南京東路五段的巷弄內，以上班族為主的客源，但餐點定價於 NT.150 ～ 180 元之間，並非上班族天天都能負擔得起，再加上餐點品項不外乎紅醬、白醬、青醬義大利麵，普及率高、替代選擇也多。有了初次創業的經驗，藍天蔚理解到，第二間店一定要慎選地點、重新設定品牌定位才行，於是他決定主打以無毒小農食材為主，例如來自宜蘭三星鄉的原鴨有機米、桃園平鎮沛芳有機農場蔬菜、南台灣無抗生素雞蛋等，同時在菜單設計上跳脫傳統加入更多創意元素，好比相較於一般早午餐常見的沙拉、吐司、炒蛋

簡單組合模式，松果院子以高達 7 ～ 8 種的食材搭配，希望兼顧客人的營養與健康，另外像是法式香氛雞肉手工麵，則是將巧達白醬加入香茅、檸檬草等天然香料熬煮醬汁，比起單純奶油口味更為清爽不膩。不僅如此，店內高達 9 成餐點都是使用原物料製作而成，包括使用義大利麵專用粉、新鮮全蛋、水與鹽製作出獨特彈牙的口感寬麵，就連甜點、麵包也全都是松果院子自製，讓客人感受到店家的用心。

扣合綠意、院子主軸，打造溫暖有人味的家氛圍

至於松果院子的地點抉擇，藍天蔚則是希望空間是有個性的，跳脫必須身處熱鬧商圈的概念，附近要有公園、綠意，帶有一點文青質感的地方，因而最終落腳於富錦街，斜對面轉角就是新中公園，有了好地點，空間傳達的氛圍與餐點是否能相互契合也是非常重要，藍天蔚找來兩個八月創意設計從品牌設計、空間規劃做整體性思考。店內裝潢以藍天蔚期盼的溫暖、有如家一般的氣氛，結合「院子、綠意」為主軸，入口處的大長桌特別搭配較為斑駁質感的傢具，配上裸露紅磚牆，呈現早期傳統三合院的院子場景，而另一側則以磁磚地板、溫潤的淺色木傢具為主，天花飾以質樸布幔創造出如屋簷般的意象，形塑彷彿三戶人家聚集在院子內用餐的面貌，店門口的台階上更是佈滿綠意盎然的植栽，與週遭環境相互呼應，也希望傳達放慢腳步、悠閒用餐的調性。

（左）松果院子Restaurant Pinecone負責人藍天蔚，6年前憑著對於義大利麵的喜愛，從科技業轉職投入餐飲創業，認為開一家店，細節、服務比餐點更重要。（右）以內用為主的松果院子，除了早午餐更包含義大利麵、燉飯等，在於空間規劃上必須預留獨立的廚房，餐桌尺寸也不能太小，否則難以擺下餐點。

攝影＿Amily

攝影＿沈仲達

攝影＿沈仲達

攝影＿沈仲達

攝影＿沈仲達

（左上）（右上）松果院子的LOGO設計結合中英文意義，從圖騰到顏色運用皆象徵一顆松樹從結果到落下的過程，手寫字體予人放鬆感，也回應早午餐品牌所期待給予客人的感受。(右下)座落於民生社區的松果院子，從入口處即融入與周遭環境相互呼應的綠意植栽點綴，創造出彷彿來到好友院子家用餐的親切溫馨氣氛，也吸引路過消費者的注意。

攝影＿沈仲達

（上）整合結帳與飲品製作的吧台，後方就是廚房，由於店內餐點都是自製居多，時間分配也顯得格外重要，當下午空閒時段，換成麵包、甜點的製作人員使用，讓廚房達到有效的運用。

重視細節、服務，打動客人的心

　　然而松果院子也並非一開幕就擁有穩定客源，為了提升來客率，藍天蔚除了透過臉書經營粉絲團、下廣告，他也格外重視餐點的行銷包裝，找來專業攝影師拍攝餐點形象照，從視覺開始第一眼吸引客人，加上邀請部落客進行試吃體驗，一步一步慢慢打開松果院子的知名度，也因為餐點美味健康，客人回頭率高，讓松果院子逐漸站穩腳步。不過藍天蔚也坦承，現階段對他而言，員工管理是最需要調整與學習的，除了給予足夠年資的員工入股的機會，他更額外重視服務品質與細節，「我覺得一間餐廳的食物好不好吃是基本，但是擦好一張桌子比煮咖啡更重要，細節才是勝出的關鍵，」藍天蔚說道，包括桌子的四個角落是否有確實擦乾淨、幫忙倒水時的用詞都是他所在意的。

　　或許是曾經跌倒過，如今的他親力親為打理松果院子，也認為唯有參與其中才能知道還有哪些待改進的空間，而由於對餐飲的熱忱與積極，19年再度規劃另一個中式麵食品牌－鬧聚，未來也期許自己能多方跨足不同類別的餐飲品項，提供客人豐富多樣的選擇。

（左上）松果院子的早午餐講究種類的多樣化，主食之外還有麵包、季節水果、優格、果汁，希望提供營養均衡的健康餐食，讓客人放慢步調品嘗每一份用心挑選的食材，暫時忘卻繁忙的生活壓力。（左下）松果慢食餐的松果德意，以特製功沙醬小火燉煮鮮白蝦、淡菜、中卷、綜合菇，湯頭溫和中帶有些微可刺激味蕾的辣度，非嗜辣者也能接受，沾著手工小吐司一起吃又別具風味。（下）從廚房規模、人力成本、店租成本等環節評估，藍天蔚的第二間店選擇約莫30坪的空間，茶水吧台設置於中心位置，讓夥伴能隨時照料兩側的客人。

攝影＿沈仲達

攝影＿沈仲達

攝影＿沈仲達

松果院子 Restaurant Pinecone

開店計畫
STEP

2015.09	2018.02	2018.10	2019.07
開始籌備	松果院子正式開幕	臉書下廣告，店內生意升溫	成立中式麵食闔聚品牌

品牌經營

品牌名稱	松果院子 Restaurant Pinecone
成立年份	2015 年 09 月
成立發源地／首間店所在地	台灣台北市／台灣台北市
成立資本額	約 NT.100 萬元
年度營收	NT.100 萬元
國內／海外家數佔比	台灣 1 家
直營／加盟家數佔比	無
加盟條件／限制	無
加盟金額	無
加盟福利	無

店面營運

店鋪面積	35 坪
平均客單價	每份約 NT.280 元
平均日銷售額	約 NT.2 萬 5 千元／日
總投資	NT.100 萬元
店租成本	不提供
裝修成本	設計裝修 NT.350 萬元
進貨成本	不提供
人事成本	NT.35 萬元
空間設計	兩個八月

商品設計

經營商品	早午餐、義大利麵、燉飯、甜點
明星商品	松果慢食餐、日出松露燉飯、花灑烏魚子干貝燉飯

獨立品牌經營
特色早午餐類型／
早午餐類型

攝影__Amily

保留傳統手工製作，
軟蛋餅硬著吃

古早味食材延續台灣味的美好

由三位大學好友共同創立的「軟食力 Soft Power」，期盼透過
古早味食物，讓年輕一輩、外國觀光客感受台灣的飲食文化，
除了主打現點現做的傳統粉漿蛋餅，餐點設計也以台灣獨有的
食材、味道延伸發展，例如沙茶銀芽、夯香腸蛋餅，甚至還有
多樣自製台式點心，吃得到店家的用心，也看見了軟食力 Soft
Power 延續台灣味的美好。

軟食力
Soft Power

成立於 2017 年的軟食力 Soft
power，為三位大學好友共同成
立，主要提供台式早午餐，並加
入台灣獨有的食材與味道賦予台
式早餐創意口味，例如豆乳雞蛋
餅、夯香腸蛋餅，結合懷舊的空
間氛圍、台語老歌放送，透過各
種環節傳達正統台灣文化精神。

" 營運心法：
1 獨特台式菜單成店內招牌商品。
2 台味行銷語言創造品牌記憶點。
3 空間氛圍、餐盤扣合復古主題。

　　隨著各國美食品牌的進駐，台灣早午餐選擇愈來愈多元，消費大眾對於外來、新鮮事物的崇尚，卻也使得傳統台式早餐逐漸消失中，體認到市場缺口的需求，加上對於古早味食物的喜 愛、認同感，希望提供一個讓大家找回對台灣飲食文化的認識，促使主理人許雅芳（Avon）與大學好友決定開一間以台式早午餐為主的「軟食力 Soft Power」。

自家調製粉漿、甜辣醬，配上台式食材更對味
　　以品牌設定的「台式早午餐」為主軸核心，餐點設計鎖定台灣獨有的食材、味道、作法。為此，三人特別到好友老家宜蘭開設 60 多年的永和豆將早餐店，親自學習傳統手藝，所以不同於一般早餐店用的是現成蛋餅皮，軟食力 Soft Power 主打軟蛋餅，也就是承襲古早粉漿做法、現點現煎，「雖然製作過程比較麻煩、花時間，但我們認為這才是真正傳統的台式蛋餅口味。」Avon 說道。一方面透過火候控制，讓麵皮表面微焦酥脆、內層柔軟，獨一無二的口感，再搭配自家調製的甜辣醬，鹹甜滋味適中，成功吸引消費者的喜愛。
　　軟蛋餅之外，亦有台式早餐必備的飯糰，以及將饅頭結合美式漢堡的「饅力堡」等主食選擇，主食內餡圍繞著令人會心一笑的台式食材，例如沙茶炒銀芽、烤香腸、豆乳雞、地瓜等，很多都是別處吃不到的口味，甚至還有多樣的台式點心，如夜市才會有的地瓜球、芋丸、芝麻球，「獨特台式菜單」成為軟食力 Soft Power 的商品力。

詼諧台味行銷語言，創造品牌記憶點

　　一間店的建立更包含品牌 LOGO 設計、文案包裝等行銷，這點軟食力 Soft Power 完全無須假手他人，憑藉著 Avon 過往的廣告業經驗，加上合夥好友們擁有網路與數位領域的專業背景，發想文案對他們而言並不算太難，但同樣必須緊扣「台式文化」精神，於是，軟食力 Soft Power 菜單的命名加入閩南語元素，如：油甲鬼、憨吉、夯香腸、扛棒尚好、花生豬賀呷。店名軟食力，則是「軟實力」的雙關語，Avon 解釋道，「軟實力代表台灣的人文素養、美食等軟文化，有一種相互 match 的意義。」而張貼於大門兩側的對聯更是讓人莞爾一笑，「人生硬著幹，蛋餅軟著吃」，我們覺得台灣人從小就被教導要勇敢、努力，但人生偶爾也要適時地放「軟」一點，希望大家來軟食力吃個蛋餅休息放鬆一下，給自己一個再次出發的力量，最後也就造就英文命名 Soft Power 的產出。

空間氛圍、餐盤選用與音樂扣合復古主題

　　講究品牌與台式文化的環環相扣，軟食力 Soft Power 從空間設計與餐盤的選用，也帶入許多懷舊、復古的材質與做法。例如店門口的軟字招牌，刻意利用不規則、斑駁的字體呈現，增加時代感；大門則是將台灣早期毛玻璃與木框拉門為結合，牆面上掛著過往台灣家庭必備的可撕式日曆，

（左）軟食力Soft Power將原本貼近巷子的入口處稍微往內退縮，創造出讓客人等候、拍照打卡的角落，同時利用木頭雕刻帶有斑駁歲月感的招牌字體，搭配白色方磚、老木頭椅凳，打造清新復古的調性。（右）軟食力Soft Power利用既有空間結構圍塑出戶外用餐區，大門採用木頭拉門配上傳統毛玻璃材質，配上復古燈罩烘托，回應著主打的台式文化精神，詼諧且與招牌蛋餅相互呼應的對聯，更加深消費者的品牌連結。

攝影＿Amily

攝影＿Amily

攝影＿＿Amily

攝影＿＿Amily

（上）考量創業初期資金有限，空間規劃是店主們自行發包設計，用餐客席區以簡單舒適的框架為主，大量的木頭傢具桌椅、復古玻璃燈罩，甚至趣味地選用手撕日曆為佈置，結合台語經典老歌作為背景音樂，徹底的傳達「古早味」氛圍。（下）軟食力Soft Power選擇以穿透式隔間規劃廚房，讓消費者能看見製作過程更具安心，然而點餐台位置卻讓店主們傷透腦筋，事後發現排隊人潮與廚房出入口動線重疊，經常必須互相閃避，若未來成立二店，他們也希望將空間回歸委託室內設計師主導。

耳邊傳來 60 年代台語經典老歌，彷彿回到阿嬤家的時空錯覺，品嚐著以藍白復古花紋瓷盤盛裝的古早味早餐，對每個到訪的客人來說絕對能留下深刻印象，這也是軟食力 Soft Power 僅僅成立兩年多以來能站穩早午餐市場的原因。

對於軟食力 Soft Power 的未來計畫，Avon 不諱言現階段確實面臨到品牌下一步的進展，尤其軟食力的定價對於台式早餐市場來說，處於中價位區間，現點現煎流程也滿足不了追求快速的消費大眾，如何改變消費者看待台式早餐的想像，是他們目前的課題之一，因此三人並不急著快速展店，反而選擇一人專職負責店內事物，Avon 與另一合夥人則重新回到老本行廣告、網路業，期待藉由多方的接觸，思考軟食力 2 店的方向。

（左）入口退縮後搭配大面開窗的設計，為室內空間框出一面清新綠意風景，搭配高吧台桌椅傢具，成為一人用餐最享受的角落。（右）軟食力Soft Power經典的手工豬排蛋餅套餐，粉漿蛋餅皮外皮金黃焦香，一口咬下外酥內軟，甜辣沾醬同樣為自製比例調配，甚至還有地瓜球等多款台式點心可選擇，用正港台灣味滿足一天的美好開始。

攝影＿ Amily

攝影＿ Amily

軟食力 Soft Power

開店計畫
STEP

2017
正式開幕

品牌經營

品牌名稱	軟食力 Soft Power
成立年份	2017 年
成立發源地／首間店所在地	台灣台北／台灣台北信義區
成立資本額	不提供
年度營收	不提供
國內／海外家數佔比	台灣 1 家
直營／加盟家數佔比	無
加盟條件／限制	未開放加盟
加盟金額	未開放加盟
加盟福利	未開放加盟

店面營運

店鋪面積	約 25 坪
平均客單價	每份約 NT.120 元
平均日銷售額	約 NT.8 千元
總投資	不提供
店租成本	不提供
裝修成本	不提供
進貨成本	不提供
人事成本	不提供
空間設計	無

商品設計

經營商品	台式早餐、點心
明星商品	豆乳雞蛋餅、豆漿紅茶

獨立品牌經營
特色早午餐類型／
早午餐類型

圖片提供＿餵我早餐 The Whale

一起早餐吧！
分享美式餐點的純粹與 Lifestyle

用平價道地餐點，縮短高單價的距離感

餵我早餐
The Whale

The Whale 在英文中為「鯨魚」之意，「餵我早餐 The Whale」店面外觀以鯨魚象徵的藍白色調顯得明亮沉穩，採道地的美式餐點款待登門的顧客，吃早餐意味日常一天的開始，如同鯨魚的胃一般，大口飽足了第一餐才有靈魂元氣。

2017 年成立，品牌創立以來以美式早午餐為主要的訴求，且用平價高品質的餐點，致力於將喜歡吃早餐的精神、充滿元氣的秘訣透過分享，傳遞給每一位顧客。

" **營運心法：**
1 以美式組合進攻早午餐市場。
2 採平價策略廣泛觸及客層群。
3 質感空間加強品牌的好印象。

　　曾旅居美加的餵我早餐 The Whale 主理人梁勝凱，食物回憶來自當時難忘的生活經，記憶中紐約中央公園附近的居民跑步運動、散步遛狗、家庭聚會……而公園旁的 Shake Shack 漢堡店也是當時他的早餐愛店之一，這樣的生活步調與體驗，成了創業中的養分與不可或缺的存在。

　　回到台灣後，設計背景出身的他曾於潮流服飾 REMIX 擔任設計師，因緣際會投入了餐飲產業，先後與朋友合作創辦佐藤咖哩 Sato Curry、陸角 Omurice。2017 年，隨著佐藤咖哩 Sato Curry 的穩定與成長，喜歡變化與挑戰的梁勝凱，開設了餵我早餐 The Whale，「發現在台灣道地的美式早午餐店選擇不多，且客單價落在 NT.400 ～ 500 元，此金額偏高容易產生距離感。」梁勝凱以在美國的餐飲經驗分析，「我想做稍微比較平價一點，營造輕鬆沒負擔的用餐氛圍，並提供道地的美式早餐餐點。」對他而言，他想分享的是單純且自然不拘謹的生活體驗。

目標客群明確，讓美式經典組合產生共鳴

　　如何打造讓台灣人有共鳴，也讓和梁勝凱同樣有著多元文化背景的食客也能認同的早午餐店？經過一段時間的選址，選在台北最大的公園附近落腳，大安森林公園與台北的關係，就如同中央公園之於紐約，所以很符合梁勝凱想營造出的生活調性與氣氛呈現。「開餵我早餐 The Whale 第一間店的時候，曾遇到一些顧客問說怎麼沒有麵食或燉飯？」可以想見，強調美式精神的早午餐文化在一開始還是很挑戰台灣的客群，在選址上的連結，也考量了這點，店面就靠近美國在台協會的舊址，主要客群鎖定附近有相近飲食文化的居民。「在產品設計上，主打 NT.100 元出頭至 NT.300

元左右的價位，以美式經典組合 Brunch Set 為特色，有像美式食材搭配煎蛋、生菜、番茄的三明治；也在多樣餐點上加入酪梨、鮭魚、野莓等健康元素，供應純粹道地的美式，讓用餐的共鳴與連結出現。」梁勝凱如此說道。

品牌經營與分店開設的節奏，梁勝凱有著敢於嘗試且穩紮穩打的想法，與一店的菜單模式有很大不同，餵我早餐 The Whale 第二間店同樣設立於大安區，但是以街邊店型且外帶熟食餐點為主，將價格調整至 NT.40 ～ 100 元，主要提供三明治、漢堡、義大利麵以及燉飯，「對我們團隊來說，這是全新的實驗與挑戰，客群鎖定上班族，店型強調出餐的速度，因為我

圖片提供＿餵我早餐 The Whale

餵我早餐The Whale公園店採以藍、白、木質色系的交織搭配，結合植栽綠意點綴，營造出清新明亮、溫潤沉靜的舒適空間，並在簡單俐落的裝潢下打造出現代美式風格。

圖片提供＿餵我早餐 The Whale

認為是餐飲業的趨勢，大環境改變的同時也會影響客人的消費習慣，供給跟需求就會有調整，美式經典組合 Brunch Set 的複製並不容易，所以採像連鎖麥當勞或摩斯漢堡的模式經營，另方面，也是想讓顧客有更多對美式餐點品牌的選擇。」

空間質感設計，用美食品牌打造文化橋樑

　　餵我早餐 The Whale 的空間設計主要是以藍、白、木質色系架構而成，可愛的鯨魚 LOGO 是店內的視覺招牌，在感官呈現清新明亮的同時，也營造出輕鬆溫暖的情感訴求，空間的線條簡單俐落，材質選用如餐桌上

圖片提供＿餵我早餐 The Whale

圖片提供＿餵我早餐 The Whale

店內巧妙地將美式幾何、鯨魚圖騰元素融入空間，形塑活潑氛圍。

的白狐大理石、吧台的白狐條紋磁磚、水泥粉光地板以及人字拼貼的超耐磨地板，常見的美國風圖騰與裝飾則以點綴的方式浮現於壁面，用現代簡約的設計傳達出美式風格的妝點層次。

　　提及未來的展店規劃與挑戰？梁勝凱認為，「分享，是他對於創業一開始的想法，如果能力夠，好的東西應該要讓更多人知道。」近期也與位於新北市板橋的「好初早餐」採餐點交換的行銷合作，透過兩方食材交流的方式，讓彼此特色餐點能在不同的區域擴展消費族群與聲量。他相信把專注力投資在成熟的品牌上是有效益的，並將細節提升到更高層次，「我們要讓市場上知道我們一直都在，讓客人習慣我們的存在、吃我們的餐點、接受我們的服務。」就像兩種文化的橋梁，梁勝凱積極用雙手打造一個沒有國境與文化區隔的美食品牌。

（左）餵我早餐The Whale大安店以外帶客群為主，也提供少量座位需求，白狐大理石桌與工業風椅子混搭，展現生活個性。（右上）（右下）餵我早餐The Whale主打美式經典組合Brunch Set，或美式餐肉搭配煎蛋、生菜、番茄的三明治；另外也訴求健康食材，將鮭魚、酪梨及蔬果沙拉融入餐點選擇。

圖片提供__餵我早餐 The Whale

圖片提供__餵我早餐 The Whale

圖片提供__餵我早餐 The Whale

餵我早餐 The Whale

開店計畫
STEP

2016	2017.01	2017.07	2018.07	2019.01	2019.12
開始籌備餵我早餐 The Whale 公園店並進行裝潢	試營運（兩週）正式開幕	開始獲利	損益兩平	構思展店計畫	餵我早餐 The Whale 大安店開幕

品牌經營

品牌名稱	餵我早餐 The Whale
成立年份	2017 年
成立發源地／首間店所在地	台灣台北／台灣台北大安區
成立資本額	約 NT.100 萬元
年度營收	不提供
國內／海外家數佔比	台灣 2 家
直營／加盟家數佔比	台灣 2 家
加盟條件／限制	無
加盟金額	無
加盟福利	無

店面營運

店鋪面積	約 27 ～ 29 坪
平均客單價	約 NT.40 ～ 280 元
平均日銷售額	約 NT.4 萬元
總投資	約 NT.250 萬元
店租成本	約 NT.12 萬元
裝修成本	約 NT.250 萬元（設計裝修與設備費用）
進貨成本	約 35%
人事成本	約 30 ～ 35%
空間設計	無

商品設計

經營商品	早餐、早午餐
明星商品	餵我大早餐、酪梨大早餐、貓王三明治

獨立品牌經營
特色早午餐類型／
麵包、吐司、捲餅
類型

攝影＿Peggy

以韓國現煎吐司，
搶攻國人的味蕾

道地韓式原味不用飛出國在台灣就吃得到

隸屬於台灣比菲多集團的蜂巢生活餐飲股份有限公司，旗下擁有
不少餐飲品牌，「ISAAC 愛時刻」便是其中之一。特別把道地
的韓式現煎吐司引進台灣，搶攻國人的味蕾，也把經營面向從早
餐延展至早午餐，打開更多市場可能性。

ISAAC 愛時刻

1995 年於韓國成立，品牌創辦人
Kim Hak Yung 以獨特的祕方創
造出 ISAAC 的吐司醬料，獨特
口味吸引許多顧客的青睞。除了
在韓國當地經營外，也將觸角延
伸至海外，2016 年正式被引進至
台灣。

❝❞ 營運心法：
　1 菜單結構與訂價要與在地貼近。
　2 製作流程 SOP 化讓出餐更快速。
　3 一切逐步到位才思考展店計畫。

　　台灣早餐飲食文化非常盛行，變化多、種類又豐富，價格從銅板價到破百皆有。憑藉過去引進韓式餐飲的經驗，蜂巢生活餐飲股份有限公司餐飲事業部執行長林奕成看好現煎、手作吐司的商機，便決定將人人造訪韓國必光顧的連鎖早午餐品牌 ISAAC 愛時刻（以下簡稱 ISAAC）引進台灣，以獨特的吐司口感與醬料口味，搶攻國人的味蕾。

菜單調整到能滿足國人的飲食習慣與喜好

　　林奕成表示，「正因台灣早餐文化非常流行，型態千變萬化、價格也很多元，ISAAC 在推出時如何全盤皆兼顧，變得格外重要。」

　　就口味而言，為忠於原味，便希望能將原汁原味復刻至台灣，但考量原料使用期限及運輸成本問題，只好調整方式，林奕成解釋，「吐司保鮮期約一星期，真的運到台灣可用天數已不多，與韓國公司討論後，以韓國配方比例搭配在地製作方式來完成，在台灣也能吃到接近原味的口感與香氣。」不過在奶油、醬料、酸黃瓜等則皆源自於韓國，好讓整體呈現出來的味道能忠於原本。

　　當然，直接依照韓國原本既有的菜單結構與訂價，未必能全然貼近台灣在地市場，因此除了既有的 MVP 系列，另也提供經典系列，兩者價格稍有不同，消費者在購買上也更具選擇性。此外在飲料品項上林奕成也做了調整，他說道，若細看韓國版飲料菜單僅咖啡、水果茶與奶昔，但國人吃早餐多半會想來搭配點熱飲，於是在與韓國討論後，推出了熱飲，如觀音厚奶茶、豆漿紅茶等，滿足國人的飲食習慣與喜好，組合上也多了些選擇。

　　林奕成不諱言,菜單結構調整後,整個餐點不僅更貼近台灣人的口味與需求,同時也讓經營戰場從主力早餐再延伸至午後的早午餐,盡可能地拉出經營餐期的最大值,同時也發揮空間的使用效益。

新嘗試皆從直營店先開始,OK 了才下放到加盟店

　　除了口味、價格,如何展露「現煎」賣點,也成了林奕成與團隊努力的重點。他指出,在韓國是採取現點、現煎、現做的方式,引進台灣當然也希望延續這樣的文化,不過販售商品各有所需的設備,經重新規劃後,他將點餐、煎台、製作區、飲料區等整合在一塊,更採取全開放的形式,讓所有人可以看到商品製作的每一步驟與過程。「製作流程皆已 SOP 化,再搭配設備、動線的安排,能夠讓製作流程更加快速,好滿足客人購餐講求迅速、方便的需求。」林奕成解釋。

　　至於在空間設計上,首先委託設計公司做整體的視覺識別、店鋪規劃等,後續則再依市場做小幅度的微調。可以看到空間中運用品牌紅、白兩色來做發揮,鮮明色系巧妙地被使用在空間外觀、牆面以及傢具上,成功加深了消費者對品牌的印象;除色,像是咖啡杯的 LOGO 意象也被運用在環境中,一旁還加入其他料理用具元素做裝點,共同讓餐飲空間的定調更加明確。林奕成指出,ISAAC 主要仍以外帶客居多,但仍是有部分民眾

將品牌色系、LOGO圖案放置於外觀中,藉由醒目的設計吸引消費者目光。

攝影＿＿ Peggy

攝影＿＿ Peggy

攝影＿ Peggy

攝影＿ Peggy

規劃上特別將內用、外帶動線清楚區隔開來，並且在內用區裡設置了不同形式的座位區。

會選擇內用，因此在規劃上特別將內用、外帶動線清楚區隔開來，並且在內用區裡設置了不同形式的座位區，無論單人、雙人、甚至多人，皆依照需求選擇適合的座位，也有專屬的用餐空間。

ISAAC2016年才正式引進台灣，最初先從台北設立店面，2018年才開始往中部展店，林奕成說，速度不敢過急的原因在於想讓整體更貼近在地，等一切逐步到位了，才接續做擴張的計畫。他補充，就像店型、裝潢等，也是先從直營店做嘗試，並從中檢視優缺點，一切都妥善了才下放到加盟店裡。

雖然ISAAC是屬於外來品牌，但林奕成卻有許多的想法，就像過去曾推出的特殊口味一樣，總希望能藉由注入些許的「差異化」帶給消費者與市場一點新的刺激，他說未來仍是會在不偏離主體核心下，做一些新的嘗試，讓餐點能有更多的突破。

（左）（右上）點餐、煎台、製作區、飲料區等整合在一塊，加快製作流程，也能讓消費者一目了然過程中的每項步驟。（右下）MVP-本土產厚里肌豬肉三明治與觀音厚奶茶是店內人氣的招牌。

攝影＿ Peggy

攝影＿ Peggy

攝影＿ Peggy

ISAAC 愛時刻

開店計畫
STEP

1995
品牌於韓國成立

2016
引進台灣，於台北展店

2018
於台中展店

品牌經營

品牌名稱	ISAAC 愛時刻
成立年份	1995 年
成立發源地／首間店所在地	韓國／台中西屯區（台灣中部首家）
成立資本額	不提供
年度營收	不提供
國內／海外家數佔比	台灣 10 家、海外 900 家
直營／加盟家數佔比	台灣直營 1 家、台灣加盟 9 家
加盟條件／限制	請洽品牌
加盟金額	約 NT.150 萬元（含教育訓練、加盟金、裝潢、設備）
加盟福利	完整的教育訓練

店面營運

店鋪面積	約 20 坪（依每間店會做微調）
平均客單價	約 NT.120 元
平均日銷售額	約 NT.2 萬元
總投資	約 NT.15 萬元
店租成本	約 NT.4 萬元
裝修成本	約 NT.70 萬元
進貨成本	約 NT.12 萬元
人事成本	約 NT.15 萬元
空間設計	不提供

商品設計

經營商品	早午餐
明星商品	MVP- 本土產厚里肌豬三明治

獨立品牌經營
特色早午餐類型／
麵包、吐司、捲餅
類型

攝影＿李昊倫

洞見市場缺口，以吐司料理
開創新竹特色早午餐先鋒

卸下設計人身分，以自創品牌表述個人理念

Mountain House 山房

2015 年的新竹，還鮮少有人經營獨立特色早午餐店，來自台東關山鎮的邱彥彰，從復興美工畢業後，便留在台北繼續就業，打拚多年，毅然決然與同為產品設計師的妻子，離開地狹人稠的台北市，回到妻子的故鄉——新竹，開創屬於自己的早午餐店「Mountain House 山房」。

位於新竹火車站後站的 Mountain House 山房，專賣三明治料理，為新竹獨立特色早午餐的先發，開業 5 年來，好口碑不減，依然是周遭居民、上班族以及新竹科學園區工程師熱愛的早餐與下午茶選擇。

" 營運心法：
1 選擇以熟悉環境作為創業出發點。
2 特製吐司與自製餡料成店內主打。
3 結盟異業合作，帶動小店的發展。

　　Mountain House 山房（以下簡稱山房），有別於傳統早餐店，營業時間從早上 8 點到下午 5 點，一開始便捨棄了早晨出門上學的學生族群，卻沒有錯失上班途中路過的上班族，或者周圍想要悠閒進食早餐的居民，亦成為新竹科學園區的工程師們點購下午茶的熱門選項。

　　位於入口處的吧台總有展開笑顏的服務人員，給予開朗的招呼，為早晨注入一絲溫暖力量。在近年物價持續上漲，人事成本亦逐年升高的情況下，山房依舊秉持著「內容行銷」的信念，堅信穩固餐點品質，才是吸引回客的根本條件；此外，山房亦以自身的經驗，回應了「創業是否需要加入台北市一級戰區」的選址課題，證明只要做到釐清品牌定位、經營品牌專屬特色，便能創造屬於自己的藍海。

告別創業成本過高的台北，開拓新竹早午餐新路線
　　山房創辦人邱彥彰，與妻子同為美術設計相關背景，並於同一間設計公司就職，累積多年替各式品牌構想產品設計的經驗，心中亦漸漸醞釀起自創品牌的夢想，邱彥彰語及此處，爽朗的笑道：「做設計做久了，難免都會產生想要為自己做設計的慾望，從頭開始累積、構築一個品牌。」在考慮品牌營業項目時，夫妻倆決定延續兩人喜愛品嚐美食，且懂得品味餐飲優劣的優勢，以「早午餐」作為品牌創業起點。問及「山房」的取名由來，邱彥彰表示由於自己來自台東關山鎮，朋友們也都稱呼他為「關山」，因此便取其「山」字作為品牌名；另一方面，山的意象亦延伸至 LOGO 設計，三明治的形狀不僅表達了品牌的主打商品，也寄託了「山」的概念。
　　一反多數人爭相躋身台北市精華地帶的期望，問及選擇於新竹設點的原因，邱彥彰坦言：「其實一開始北、中、南都有納入考慮，但由於北部的開店成本很高，加上自己與妻子都不是本地人，因此資源稍嫌不足。恰巧妻子的家鄉就在新竹，而新竹的地理位置離北部並不遠，店租成本卻相

對低很多;此外,標榜獨立特色的早午餐店於 5 年前,尚未風行於新竹,我們覺得這是一個市場缺口,種種因素都促成了我們選擇此地作為開創新品牌的首站。」如今山房所在區域位於新竹火車站的後站街道,鄰近住宅與學區,離新竹科學園區亦距離不遠,相較於前站商店街的熱鬧繁華,此區倒有一種鬧中取靜的氛圍,十分符合邱彥彰與妻子的期望。

特製口感吐司與自製餡料,以手感輕食溫暖人心

作為新竹獨立特色早午餐店的先發,在思考主打餐點品項時,邱彥彰亦從自身喜愛的輕食料理出發,邱彥彰表示,自己與妻子都十分喜歡法國長棍的口感,不過基於大眾口感取向的考量,邱彥彰捨棄了直接以法國長棍作為基底麵包的作法,轉而委託合作的烘焙坊協助特製出具有如法國長棍般,略帶有嚼勁的吐司,此看似折衷的作法,卻使山房的吐司料理獨具特色,與他牌的早餐店做出了區隔。此外,包夾於吐司中的內餡亦是由邱彥彰親自手工製作的,為了延續此堅持,邱彥彰另外租了一個空間作為中央廚房,使內餡製作與供餐的地點各自獨立,避免 相互干擾影響餐點品質。

如今發展穩定的山房,亦曾經遭遇瓶頸,在營運初期,曾有消費者抱怨餐點的品項過於單一,邱彥彰語帶無奈的表示,由於當時只有他與妻子兩人包辦所有店內事務,在人力有限的情況下,開發過多餐點品項反而會導致原有的餐點品質下降。直到開始雇請員工後,邱彥彰便積極開發新菜色,希望能滿足消費者喜愛嚐鮮的特性,另一方面,多元的菜色也可吸引

位於新竹火車站後站的Mountain House山房販售創意吐司料理。

攝影─李昊倫

（左上）Mountain House山房的LOGO並沒有如其他品牌一般，於多處反覆出現，僅於店門口的壁面嵌入一塊帶有山房LOGO的金屬板子，展現山房低調卻紮實的作風。（左）（右上）許多人將Mountain House山房的店內裝潢歸類為工業風，邱彥彰笑著解釋，由於許多傢具都是自己撿拾二手傢具並進行改造，剛好投合了工業風的精神與樣貌。

145

擁有不同喜好的客人，無形中拓展了客群。不過邱彥彰亦提醒到，在增加品項的同時，必須先衡量店內可負荷的程度，盡可能從既有的食材進行發想與變化，可有效降低原物料成本，也可使作業流程簡化許多。

擁抱異業合作的可能性，與在地特色餐飲品牌聯名推出限期活動

邱彥彰在山房營運漸趨於穩定的同時，開始藉由異業合作來為餐點注入新的創意，曾經與新竹在地的涼麵店鋪──「北門室食」，以交換食材的方式進行聯名合作，北門室食提供煎餅菓子的材料，山房則提供塔塔魚內餡，相互交換後便得以在山房點用「抹茶草莓煎餅菓子」，而北門室食則推出「塔塔魚煎餅菓子」。在聯名限定期間內，參與活動的消費者將擁有一張餐點蒐集卡，鼓勵消費者到店嘗試兩款創意煎餅料理，若兩款煎餅的點數都蒐集完整，還能獲得額外贈送的小點心，邱彥彰表示，此活動不僅是提供消費者限定限量的嚐鮮感，並且增加與消費者互動的機會，同時也希望能藉此帶動新竹獨立特色小店的發展。

「你不需要很厲害的時候才能開店，你可以開店之後變得很厲害」訪談尾端，邱彥彰分享了這麼一句話，強調隨時保有彈性調整的空間的重要性；同時進一步點出獨立特色品牌與集團連鎖品牌之間的差異，由於單店經營，食材訂購量有一定的上限，因此難以調降成本，反之連鎖集團不僅背後有集團的支援，食材的成本通常也可以因為大量的訂購而壓低成本，若想要與之打價格戰是不可能的。唯有歸納並鎖定特定的族群，並且設法保有品牌最初以及最核心的特色，才能成功培養回流客，給予品牌永續經營的正向能量。

（左）（中）店內坪數不大，座位數亦不多，唯一的沙發座椅是熱門拍照場景之一，店內燈光昏黃，頗有咖啡廳的隱密氣氛。
（右）Mountain House山房招牌餐點塔塔魚三明治，炸魚塊口感香脆，搭配甜而不膩的塔塔醬擄獲許多人的胃。

Mountain House 山房

開店計畫
STEP

2014.07
開始籌備

2015.09
正式開幕

2015.11
開始獲利

品牌經營

品牌名稱	Mountain House 山房
成立年份	2015 年
成立發源地／首間店所在地	台灣新竹市／台灣新竹市
成立資本額	約 NT.150 萬元
年度營收	約 NT.800 ～ 900 萬元
國內／海外家數佔比	台灣 1 家
直營／加盟家數佔比	直營 1 家
加盟條件／限制	無
加盟金額	無
加盟福利	無

店面營運

店鋪面積	約 20 坪
平均客單價	約 NT.120 元
平均日銷售額	約 NT.1.5 萬元
總投資	約 NT.200 萬元
店租成本	約 NT.3 萬元
裝修成本	約 NT.100 萬元
進貨成本	NT.25 ～ 30 萬元
人事成本	NT.25 ～ 30 萬元
空間設計	邱彥彰

商品設計

經營商品	吐司三明治
明星商品	塔塔魚三明治、漢堡肉三明治

獨立品牌經營
特色早午餐類型／
麵包、吐司、捲餅
類型

攝影__李昊倫

鄉鎮中的手感吐司早午餐，
七彩吐司牆博取社群版面

多年烘焙經驗醞釀開店夢，
堅信餐點品質勝於聰明的選址

新竹縣新豐鄉距離人潮眾多的新竹市區，若開車行駛也有半小時
的車程，其中康樂路一段周圍多為住宅區以及寧靜學區，由於並
非商店聚集之處，因此平時鮮少有特地來此遊玩消費的群眾，直
到以大器明亮的建築，矗立於馬路旁的「仁宅吐司」盛大開張，
立即成為居民悠閒用餐的首選，也吸引了大量由外地聞名而來的
遊客。

仁宅吐司

主打自製吐司麵包，設點於新竹
縣新豐鄉的仁宅吐司，一開張便
吸引居民爭相前來體驗餐點，為
許多家庭於連假周末時，與孩童
一起享用悠閒早餐的好去處。不
定期變換菜單品項與研發新菜色，
多樣化的餐點讓一再回訪的客人
不生膩！

❝ **營運心法：**
　　1 以自身的烘焙能力創造品牌專有價值。
　　2 重整營運時間與人力配置，不做虛耗。
　　3 服務態度的不斷再教育，提升回客量。

　　創立於 2019 年的「仨宅吐司」，主打餐點中提供的吐司皆為創辦人兼內場廚師－羅大為親自製作，年紀尚輕的他，自小學習烘焙培養專才，對於麵包口感與原物料的使用有著不輕易妥協的執著，至今仍每日堅持提早到店，手工揉製麵糰，多重發酵程序亦親力親為，為的就是讓客人都能品嚐到新鮮出爐，現做現烤的吐司，以最新鮮、最香郁、以及最佳的口感在客人心中烙下深刻印象。

以紮實的烘焙能力締造品牌專有價值，以特殊選址打一場實力戰

　　「經過多年烘焙技巧的學習與磨練，想要開一間早午餐店的夢想在心中早已逐漸萌芽，只是苦於一直沒有機會，前兩年恰巧有位同樣是烘焙師傅的朋友想要開店，便相邀共同創業，原先股東共有 3 個人，因此將品牌名取為「仨宅吐司」，不過現在只剩下我一個人，花了一段時間才找到各方面的平衡。」談及創業契機時，羅大為平靜地娓娓道來，對於創業以來有過的變動，似乎已經能夠坦然面對。接著他分享到，當初在定位品牌特色時，立即就決定以每日現做吐司為主打招牌，因此餐點也都是由吐司為基底，接續做延伸與變化，對此羅大為進一步解釋，「由於吐司對於大眾而言，很難像米飯一樣達到主食的地位，雖然我們的吐司很有特色，但要單純利用吐司吸引廣大消費者，不是一件容易的事，因此餐點中的配菜組合就變得至關重要，不僅要品項豐富，也要有足夠的飽足感。」除了吐司周邊料理，店內也提供滑嫩的蛋捲料理，將餡料包覆於煎熟固化的蛋液之中，樸實的外表卻深藏豐富的味蕾體驗，其中餐點內含的肉製品亦為親自醃製。羅大為深知消費者對於多樣化菜色的需求，因此會自主地研發新菜色，例如最近上架的咖哩料理，以日式經典的漩渦蛋包飯佐咖哩呈現，並

以不定期限量供應的方式，進而達到了刺激消費者抓緊機會嚐鮮的效果。

問及最令人感到疑惑，以及最初十分不被看好的選址因素，羅大為維持同樣平淡的語氣，緩緩的解釋：「當初設點在這裡實屬意外，原先預定的店面位在火車站的周圍，人潮想當然爾也比這裡多，但最後並沒有如期租下那個空間。後來意外發現了這個乾淨、且坪數充裕的空間，就立即決定租下來了。由於新豐鄉並不是熱門的旅遊景點，也不比市區熱鬧，甚至連周圍居民是否有吃早午餐的習慣或喜好，我們都不得而知，因此起初完全不被看好。」在這樣看似嚴峻的條件底下，羅大為依然咬牙堅持開張，而在正式營運之後，也驗證了羅大為一直以來潛藏在心中的信念：「其實開店地點並不是真正最關鍵的問題，反之，店內提供的餐點、販售的商品，是否有切重客群的需要，這才是決定人潮前來與否的核心因子。」此外，合乎當地居民消費能力的定價也是品牌能否被接受的重要因素。每逢假日，羅大為便會到處參訪不同的早午餐店，除了觀察菜色內容，也思考不同店家的定價原則，從中歸納出自己的定價考量。由於新豐鄉的物價相較於竹北市區低許多，羅大為因應當地物價的基準值，果斷將各品項的定價調降，分量卻沒有做刪減，因此給予客人物美價廉的好觀感，有效提升回鍋消費的慾望。

重整營運時間與人力配置，服務態度的再教育提升回客量

每一個創業者難免都會在建構品牌的過程中，遭遇不如預期的挫折與難題，羅大為亦無法成為例外，談及這兩年來，店面營運是否經過調整，羅大為感慨的訴說：「由於是第一次創業，並沒有實務經驗，憑藉的就是一股傻勁與衝勁，起初只知道要將內場供餐的環節做到最好，卻忽略了外場人員的訓練，導致開店初期便有客人反應外場人員服務態度不佳的問題。」直到有一位朋友給予忠告，「身為管理者，在用人上不能過於心軟，因為無心共同為品牌努力的員工，會嚴重影響品牌的營運。」羅大為就此謹記在心，同時間羅大為的母親由於多次來店內用餐，亦察覺此現象，故自告奮勇到店內幫忙，協助重新訓練與管理外場人員。經過一段時間的調整後，外場的服務狀況終於能夠符合羅大為心中的期望，從客人踏入店門的那一刻起，便落實一連串的服務流程，從最基本的招呼：「歡迎光臨」、帶客人入座、提供菜單，甚至是主動解釋點餐方式……等，讓良好的服務態度提升餐廳整體的品質與氛圍。

（左）（右）店內空間講求簡潔明亮，預留寬敞的走道，避免消費者有擁擠侷促之感。

（左上）把吐司意象化作LOGO設計。（左下）仁宅吐司的存在，不僅成為新豐鄉居民於假日悠閒享用早餐的好去處，亦是遊客爭相到訪的餐廳之一。（右）增設位於窗邊的沙發座椅，供久坐的客人舒服閒適的用餐體驗，大器的落地窗面引進充沛日光，成為熱門的座位區。

　　此外，仨宅吐司的營運時間也經過多次的調整，曾經從早上 7、8 點開始營業，直到晚上 8 點才關店休息，營業時數長達 12 小時，但並不包含在關店後的備料程序，以及隔天提早到店製作吐司的時間。此外，由於當時內外場的流程還未能銜接流暢，導致出餐速度緩慢，無形中拉長了工作時間，卻無法增加營業額。如今，內場雖然人力減少，羅大為一肩扛起出餐的重責大任，卻可以控制在 6 分鐘內完成一份餐點，並且能同時監控吐司的製程，大大提升了整體的工作效率。此外，他也縮短了晚間的營業時間，避免在客量稀少的晚餐時段，讓店面空轉造成不必要的虛耗，同時得以恢復正常作息，保留體力走更長遠的路。語及此處，羅大為再次強調自身深刻的感觸，「創業開店絕對要考量身體健康狀況，有多少體能做多少事，切勿過度勉強自己。」

攝影＿李昊倫

由自製土司延伸的早午餐餐點，品項豐富多元，價格卻平易近人；煉乳焦糖雪花厚片，以自己熬煮的焦糖結合軟化的棉花糖，製造出甜蜜卻不甜膩的風味。

仁宅吐司

開店計畫
STEP

2019.03	2019.05	2020.02
開始籌備	正式開幕	開始獲利

品牌經營

品牌名稱	仁宅吐司
成立年份	2019 年
成立發源地／首間店所在地	台灣新竹縣新豐鄉／台灣新竹縣新豐鄉
成立資本額	約 NT.20 萬元
年度營收	約 NT.500 萬元
國內／海外家數佔比	台灣 1 家
直營／加盟家數佔比	直營 1 家
加盟條件／限制	無
加盟金額	無
加盟福利	無

店面營運

店鋪面積	約 60 坪
平均客單價	約 NT.400 元
平均日銷售額	約 NT.1.2 萬元
總投資	約 NT.350 萬元
店租成本	約 NT.6 萬元
裝修成本	硬體設計共約 NT.200 萬元
進貨成本	不提供
人事成本	約 NT.25 萬元
空間設計	羅大為

商品設計

經營商品	早午餐、咖哩飯、炸物點心
明星商品	仁宅招牌早午餐

獨立品牌經營
特色早午餐類型／
麵包、吐司、捲餅
類型

攝影__Amily

善用經營策略，
傳承家族記憶之味

將台式鐵板文化發揚於國際舞台

取自父親之名的「扶旺號」品牌，源於台北市寧夏夜市雙連鐵板
燒二代，即現任覓食鐵邦美食集團執行長潘威達所創。2015 年，
其首家門市誕生於台北市大安區，墨黑底與亮金邊，配上鐵板燒
鏟圖示所構成的 LOGO，正式向大眾宣告品牌對於台式鐵板燒
文化的價值轉型與進擊市場的企圖心，短短 5 年，扶旺號已在商
圈颳起鐵板燒旋風，甚至成功插旗於國外市場，潘威達以多年餐
飲管理經驗分享，究竟集團是如何發揚家族之味，打造如今壯大
的鐵板燒餐飲帝國。

扶旺號

傳承父輩所創的雙連鐵板燒精神，
扶旺號為結合台式鐵板燒的早午
餐品牌，融入台灣味的嚴選食材，
如新竹福源花生醬、高大鮮乳、
林茂森紅茶與峰圍綠茶等原料，
將傳統的鐵板燒料理結合當今流
行的早午餐經營模式，開發出多
款創意鐵板土司、鐵板捲餅與熱
壓土司，秉持現點現做高要求，
品牌持續傳承、創新並推廣善良
的台灣美食文化。

❝ 營運心法：
1 台式飲食為本，開發不同創意美食。
2 主品牌、副牌，擬定不同加盟策略。
3 催生虛擬廚房，造福於更多創業者。

　　父親於 1992 年創立的雙連鐵板燒，曾多次入選總統府寧夏夜市千歲宴菜色，潘威達坦言，2009 年接手這塊招牌時壓力很大，當時面對金融海嘯襲擊，其實家族是快經營不下去的，而本身攻讀餐旅管理專業的他，便想利用自身所學來協助解決這問題。然而，無論是引入網路行銷，或是採用客家花布元素，將空間導入識別度高的台灣文化印象，皆與父親觀念有所磨合，直到其經營模式逐漸讓業績穩定成長，父親才肯定其作法。對潘威達而言，父親所創的雙連鐵板燒是他重要的人生滋味，面對如此在地性的飲食指標，僅是傳承這間店已不能滿足，他所要創造的，是將台式鐵板燒料理再次傳承、加值與轉型，使其從夜市美食，躍身為台灣飲食文化典範。

恪守品牌高標準，彈性開啟加盟管道
　　2015 年 5 月，扶旺號正式誕生，潘威達將傳統鐵板燒料理融合當今流行的早午餐經營模式，開發出多款創意鐵板土司、鐵板捲餅與熱壓土司等品項，清楚的市場特色，造成開幕後一炮而紅，連帶吸引許多人詢問加盟事宜。他了解，要貫徹台式鐵板燒的精神非常嚴苛，不只人力訓練，甚至投資成本也所費不貲，因此，在守護父親名譽，又得兼具成功拓點的使命下，就此催生「小旺號」的特殊加盟制度。

　　相較扶旺號嚴格的加盟條件，小旺號在投注資金、門市坪數、人事技術、與料理模式有更彈性的變通條件，像是扶旺號的精神指標「鐵板燒台」，因客製化訂做而成本高昂，但小旺號可用傳統煎台取代，但餐點類別卻無法同扶旺號多元。然而，其加盟數量仍有所受限，但潘威達仍想將鐵板美食持續擴張到大眾市場，於是，小旺號的新型態加盟方式「虛擬廚房」因而誕生，此加盟制度更加簡化了所需的空間、設備、人事等成本，對象也以想在家創副業者為主，營運模式是由總部將核心原物料配送到加盟主家中，由加盟主製作餐點，進一步再由外送員交到顧客手中，等於業績多寡取決於訂單流量，加盟主也可自由調配接單時間。當問及此舉是否會影響品牌品質，潘威達斬釘截鐵說道，「客人的評價是最直接的，評論差當然被剔除加盟名單，這無庸置疑；再者，不是想加盟虛擬廚房都有機會，總部也會評估整體加盟數，一般來說，至少要 10 萬人才得以構成一處穩定的市場規模，所以這當中還要評估當地消費生態，這僅是我將扶旺號與小旺號運用更彈性的加盟制度，拓點於大眾市場。」

覓食鐵邦美食集團執行長潘威達。

攝影＿ Amily

攝影＿ Amily

攝影__ Amily

攝影__ Amily

復興店客座區位於地下1樓，主要以白色調裝潢保持整體簡潔感，其中沙發區選用黑底襯托品牌英文名「Full Want」，透著鮮明金黃光的字牌，彷彿是用毛筆字書寫而成，潘威達說道，當初想表達一絲東方韻味，但又不想太傳統，故字型才呈現這種特殊感。

熟捻各地飲食文化，重新調整品牌策略

除了持續深根台灣市場，扶旺號也陸續插旗海外市場，舉凡中國大陸、馬來西亞吉隆坡等處，包含即將於今年夏季開幕的美國門市，皆是以海外代理模式營運，然而，熟捻餐飲管理的潘威達了解，當台式鐵板燒進軍到異地飲食文化，必得做出適度妥協與變化，他以美式飲食指標「麥當勞」借鏡：漢堡、薯條、可樂，這三特色串成的經典組合，能否轉成扶旺號的蛋肉鐵板土司、甘梅薯條與紅茶牛乳；又或是馬來西亞因信仰禁食豬肉，難道就攻不進對方市場嗎？除了找尋替代肉品，融入椰漿、叻沙風味等在地化策略更是重要，扶旺號以敏銳觀察大膽進軍海外市場，將他國類似的飲食型態自然而然換成台灣味道，默默導入異地飲食 文化中。

最後，潘威達以大型餐飲集團執行長，同時也是諸多餐飲品牌的顧問與評審的身份分享道，「在多年的輔導經驗裡，最難的就是把我腦袋的思維傳到別人腦袋裡，即便對方擁有好的創業初衷與資源，但假如思考系統是封閉的、僵化的，品牌也無法走得長遠，因此，經營者的觀念必須是 Open System，持續學習、不斷精進，才有能力傳承、創新並推廣善良的台灣美食文化。」

（左）扶旺號傳承父親所創的雙連鐵板燒，以其鮮明的墨黑底與亮金邊，配上鐵板燒鏟圖示構成的LOGO，開啟台式鐵板燒文化的開端；店面前端是客製化的鐵板燒台，突顯品牌堅持現點現做的理念，讓製作過程不僅是一個動作，更是貫徹鐵板燒精神的象徵，讓來客透過視覺、嗅覺、味覺與料理時的煎鏟碰撞聲，感受品牌的獨特魅力。（右）扶旺號經典招牌荷包蛋肉土司、鐵板炒飯與紅茶牛乳，善用台灣在地食材配上熟練的鐵板燒工法，創造多款花樣多元且方便食用的鐵板料理。

扶旺號

開店計畫
STEP

2014	2015.05	2016.09	2018.09	2020.09
開始籌備	正式開幕	小旺號開放加盟	扶旺號首間 海外代理門市	美國加州爾灣店 即將開幕

品牌經營

品牌名稱	扶旺號
成立年份	2015 年
成立發源地／首間店所在地	台灣台北／台灣台北大安區
成立資本額	NT.1 千萬元
年度營收	不提供
國內／海外家數佔比	台灣 3 家、海外 1 家
直營／加盟家數佔比	直營 3 家、海外代理 1 家
加盟條件／限制	扶旺號不開放加盟，僅開放國際海外代理；小旺號開放加盟
加盟金額	扶旺號不開放加盟，僅開放國際海外代理；小旺號開放加盟
加盟福利	扶旺號不開放加盟，僅開放國際海外代理；小旺號開放加盟

店面營運

店鋪面積	約 32 坪
平均客單價	約 NT.175 元
平均日銷售額	不提供
總投資	不提供
店租成本	不提供
裝修成本	約 NT.500 萬元
進貨成本	不提供
人事成本	不提供
空間設計	覓食餐飲

商品設計

經營商品	早午餐、 全天候餐點
明星商品	仁荷包蛋肉土司 紅茶牛乳

循古法與融合創新，
延續傳統好味道

與在地連結，推廣台灣古早味

「真芳碳烤吐司」（以下簡稱真芳）創辦人張文哲，以推廣台灣
文化的觀光角度切入餐飲事業，透過參與食材溯源的連結，與原
料商緊密配合，嚴格篩選食材，給予合適的製成、烹煮方法，去
除傳統早餐店在食材淨度上的疑慮；把台灣傳統口味的碳烤土司、
蛋餅，透過古法製成且創新經營的模式，開業至今 5 年期間，成
為台灣早午餐市場上擁有高人氣的在地品牌。

真芳碳烤吐司

創立於 2015 年，重視人員訓練
與食材品質，堅持相信益發重視
生活品質的台灣人，其力度和結
構足以撐起在乎乾淨食源的消費。
真芳碳烤土司挑戰傳統的供應體
系，完成資訊透明化的社會責任，
達到傳統與現代兼容並蓄的平衡。

66 **營運心法：**
1 獨特選址策略，讓客群更擴大。
2 流暢動線加快外帶與出餐速度。
3 一班制作法，兼顧工作與生活。

　　店鋪建築外觀採低彩度的木質溫潤色系，明亮通透的大片落地窗，踏進店內傳來輕音樂協曲，在點餐區旁的大幅磚牆文字，一語道出了真芳品牌的核心價值──「保留小時候，單純的 味道」。歷經導遊工作、澳洲蔬果包裝廠產銷履歷鏈的訓練背景，來自屏東恆春的張文哲，將記憶中古早味的早餐精神優化，替台灣早午餐市場帶來一股新風貌。

扣合消費者行為模式改變，精準選址讓客群擴大

　　張文哲認為，消費者行為模式的轉變間接會影響早午餐文化，從原先固定上班族到有了 SOHO 族、自由行觀光客的出現，順應客群結構的改變，也讓真芳在經營餐期上多了著力點。張文哲進一步說明，「真芳不僅是做街坊鄰居熟客，也會有遊客，如果早上 6 點半開門，第一個小時是住真芳附近、準備上班而出門買早餐的人；第二個小時是其它地區到真芳附近上班的顧客，第三、四小時可能是居家的 SOHO 族，那接近中午 11 點半則是午餐時間，再到下午就會是遊客居多。」以真芳目前的店型來說，主要會分為兩種，街邊店型與百貨店型，前者以早餐模式至下午 1 點就結束、後者店型則可以拓展下午餐點並與外送平台合作；藉由兩種店型的選址模式和時間管理，可以掌握每個時段的客層族群為何，讓兩者店型雖然因營運時間的不同，但還是拉長真芳每日實際營運的餐期，提高整體營業額，也得以讓客群擴大。

張文哲説，「當品牌的定位與原則在一開始就設定明確時，後面的拓點與商品開發也能快速應變，也如同真芳強調的——方便、快速、安心。」如果每一間店都清楚客群組成後，設下想要達成的目標與預設，後續的行銷推廣上也就會很清楚缺乏什麼，可以想方法立即改善。

空間風格清楚定位，動線分明提升服務高效率

在 2015 年成立第一家店至今，真芳不論是在網路上的聲量、甚至是與連鎖超商合作獨家商品等，都獲得廣大的回響，除了在商品選擇單純，如手打豬肉，每日自製美乃滋三明治、台式粉漿蛋餅、紅茶牛奶等；品牌的定位也延伸到真芳整體店面裝潢調性，掌握溫暖、明亮以及揉合台灣復古元素如鐵件、磁磚牆、磨石子地板、窗花等，讓品牌形象更顯清晰。張文哲表示，「品項單純的關鍵外，我認為服務流程的順暢也是提升高效率的方式。」這也可從店內的格局與行走動線的安排上看出，以民生店為例，廚房與點餐區域緊密相連，而在坪數不大的前提下減少隔間牆的設置，採

真芳碳烤吐司創辦人張文哲認為在創業過程中，追本溯源與生活品質同樣重要，一路以來的堅持，得以成功塑造出台灣早餐的品牌風格。

攝影__Amily

攝影__Amily

攝影__ Amily

攝影__ Amily

掌握產品的調性與精神，透過木作桁架天花、鐵件、窗花圖騰、磁磚牆、磨石子地板等傳統元素，輔以現代手法設計呈現，打造溫潤的體驗氛圍，讓進來的消費者能更感到放鬆。

用櫃體以及通透的大面玻璃線條來區隔，這不僅讓用餐區更顯開闊，也放大視覺延伸的效果，用餐的情緒間接也會感到輕鬆舒緩。

時間合理安排，兼顧與夥伴生活品質的平衡

張文哲對時間運用效率與生活品質的在乎，反映他對人事管理的態度，「餐飲業早期的經營方式為兩班制，從早上 9 點上班、午後 12 至 1 點下班，中間休息 3 小時；然後再繼續傍晚 5 點上班，晚上 10 點下班，但我調整為一班制的作法，且時間控管確實，當早上早起上班結束後，下午夥伴還能兼顧往自己的興趣發展，例如我們夥伴中有甜點師、舞蹈老師、家教老師等，這些技能不見得要放棄，而是可以找到更聰明的方法去維持，不論是形象還是 生活品質，平衡中我們賺得更多，相對也能獲得夥伴的支持。」他認為，人員管理是一個企業是否能成長的關鍵，間接影響的服務品質更能回饋到消費者身上，讓真芳這個工作環境一直充滿著溫暖與開心的正向循環。

（左）店內在視覺文字上的呈現易讀性高，在新舊融合下加深了消費者印象。
（右）手打豬肉，每日自製美乃滋三明治，熱量輕巧無負擔。

真芳碳烤吐司

開店計畫
STEP

2015.04	2015.09	2016.03	2016.09
開始籌備	正式開幕	第 7 個月，獲利開始逐漸累積	開業 1 年，損益兩平開始獲利

品牌經營

品牌名稱	真芳碳烤吐司
成立年份	2015 年
成立發源地／首間店所在地	台灣台北／台灣台北信義區
成立資本額	約 NT.150 萬元
年度營收	不提供
國內／海外家數佔比	台灣 5 家
直營／加盟家數佔比	直營 5 家
加盟條件／限制	無
加盟金額	無
加盟福利	無

店面營運

店鋪面積	約 20 坪
平均客單價	約 NT.110 元
平均日銷售額	不提供
總投資	約 NT.150 萬元
店租成本	約 NT.6 ～ 8 萬元（含 2 個月押金）
裝修成本	約 NT.100 萬元左右（設計裝修與設備費用）
進貨成本	約 NT.30 萬元（約佔比例 32%）
人事成本	約 NT.30 萬元（約佔比例 30%）
空間設計	不提供

商品設計

經營商品	早餐
明星商品	真芳蛋餅，起司起司蛋、豬肉蛋起司、紅茶牛奶

獨立品牌經營
特色早午餐類型／
麵包、吐司、捲餅
類型

飛翔號

Terry   Eason

減速慢行

停看聽

攝影＿江建勳

中式捲餅搭配西式內餡，
搶攻中高價位早午餐市場

搭上部落客行銷熱潮，瞬間成為爆紅名店

早午餐樣式百百種，但要能在競爭激烈的台北市存活下來，品牌
肯定有其厲害之處，「捲餅咬鹿」座落於台北市捷運行天宮站附
近的錦州街，招牌商品正如其名，就是捲餅。以中式捲餅配上西
式或甜或鹹的內餡，捲餅咬鹿提供將近 20 種口味，讓每位前來
用餐的顧客可以享受到中西合併的早午餐饗宴。

捲餅咬鹿

嚴選小農鮮奶融入餅皮，再搭配
獨家醬料手工製作出幸福滋味的
鮮奶捲餅！特調鮮飲中亦以三代
傳承的百年老店－林華泰茶行之
茶葉及初鹿鮮奶激盪出味蕾上的
跳動！

❝❝ 營運心法：
1 善用網路宣傳力量，打開品牌知名度。
2 手工捲餅取代蛋餅皮，讓口感大不同。
3 定位在中價位，吃的飽、價格也親民。

　　回憶起尚未創業前的日子，老闆陳達翔在喫茶趣擔任主廚工作超過12年，他經常在公司發想創意料理的比賽中獲得名次與獎金，發現自己對於研發菜單與嘗試創新口味深感興趣。不過，要卸下主廚光環，一切從零開始創業真的不簡單，於是他掙扎了將近一年的時間，才毅然決然離開喫茶趣。

　　經過老闆娘莊雅芳的鼓勵，兩人決定一起開間早午餐店，陳達翔是學習中式餐點起家，只要是任何麵食料理都是從麵粉開始做起，但該賣什麼餐點才能吸住客人眼球，又能讓人心甘情願掏出錢來買單呢？兩人絞盡腦汁，想遍各種料理，認為中式捲餅搭配各式口味的內餡，或許能在早午餐業界殺出一條血路。於是，捲餅咬鹿就此開業。

　　有趣的店名來自於他們的手工捲餅內加入初鹿牧場的鮮乳，而莊雅芳也希望店名能夠讓顧客一眼就看出他們是賣什麼樣的早午餐，最後便取名為捲餅咬鹿。

網路的宣傳力量，讓店鋪瞬間爆紅

　　整體的店鋪設計主要是源自於「不用搭火車到台東，就能喝到初鹿牧場的鮮乳，同時享用到由此款鮮乳製成的捲餅」這個概念。店鋪外觀以火車形狀為主軸，門面如同一輛火車向外駛出，搭配各式各樣的交通號誌，打造出火車月台的意象。點餐處利用售票口的模樣，讓置身於此的顧客好像在火車售票處買票一般，別有一番趣味。進入店面的走廊利用黑板書寫

菜單，象徵班次表，同時運用柵欄和天花板上的鐵軌，再次深化火車月台的造型創意。另外，門口設置火車站牌標示出台北到初鹿的距離，變相成為顧客的打卡背景。「創業前面的 6 個月，真的非常煎熬，直到第 7 個月，店鋪才漸漸出現人潮。我們的店能夠撐下來其實要歸功於網路。」莊雅芳解釋。2014 年的部落客推薦、經營部落格正是最多人使用的行銷手法，當時有位知名的部落客默默到捲餅咬鹿來吃飯，還幫他們寫了一篇文章，自從部落客的文章曝光之後，原本門可羅雀的店鋪變得熙熙攘攘，接著陸續有多位部落客來訪，如此盛況維持近三年多的時間，奠定後續來客基礎。

以手工捲餅顛覆蛋餅給人的薄皮印象

　　品牌標榜著從麵粉到擀麵皮，以及 80％ 的捲餅內餡都是陳達翔純手工製作，也因此菜單上看不到火腿、培根、熱狗等加工肉品，店內的肉品皆由他親自醃漬調味，盼望讓顧客吃到最健康、美味的料理。「由於我們的原物料比其他一般早餐店的價格還高，因此很難定價，畢竟要讓人吃頓將近 NT.150 元的早餐，不是一件很容易的事。」莊雅芳坦言。

　　捲餅咬鹿是介於高單價與低單價之間的中價位早午餐，除了價格不能太貴之外，還要讓客人能在 NT.150 元以內吃飽，於是兩人展開研發紮實卻仍然 Q 彈的捲餅。「最初邀請親朋好友一同試吃商品，沒想到大家都說是蛋餅，但台灣人對於蛋餅的印象就是很薄、吃不飽，又很便宜，因此我

（左）捲餅咬鹿老闆陳達翔與老闆娘莊雅芳。（右）主要送餐動線同樣貫徹火車月台意象，連接廚房與用餐區。

攝影＿江建勳

攝影＿江建勳

（上）進入店面的走廊利用黑板書寫菜單，象徵班次表，同時運用柵欄和天花板上的鐵軌，再次深化火車月台的造型創意，而點餐處利用售票口的模樣，增添趣味。（下）以火車頭為設計主軸，門面如同一輛火車向外駛出，搭配各式各樣的交通號誌，打造出火車月台的意象。

們希望用厚實、有嚼勁的捲餅皮提升商品的 CP 值。」莊雅芳笑著說。隨著 6 年時間過去，捲餅咬鹿已累積大量熟客，甚至有眾多投資者提出加盟意願，但學習手擀麵皮實在難度太高，至今仍然無人加盟成功。目前僅有一間直營店面，捲餅咬鹿未來依然秉持著不斷研發新口味的信念，持續顛覆顧客的挑剔味蕾。

（左）20坪的店面一半分給廚房，一半規劃為座位區，大約可容納25個人。此外，老闆收集製作店內捲餅皮所需的紐西蘭超特級無水奶油桶，訂製成店內座椅，加深顧客對於品牌使用最佳原物料的印象。（右）捲餅咬鹿的明星商品一義式起司嫩雞，只要加NT.60元，即可變成大分量超值套餐，另外，愛吃辣的人千萬別錯過老闆特製的黃金小魚辣椒醬。

捲餅咬鹿

開店計畫
STEP

2013.07
開始籌備

2014.07
正式開幕

品牌經營

品牌名稱	捲餅咬鹿
成立年份	2014 年 7 月
成立發源地／首間店所在地	台灣台北／台灣台北中山區
成立資本額	約 NT.200 萬元
年度營收	不提供
國內／海外家數佔比	台灣 1 家
直營／加盟家數佔比	直營 1 家
加盟條件／限制	不提供加盟
加盟金額	不提供加盟
加盟福利	不提供加盟

店面營運

店鋪面積	20 坪
平均客單價	NT.150 元
平均日銷售額	不提供
總投資	不提供
店租成本	約 NT.4 ～ 5 萬元
裝修成本	約 NT.100 萬元
進貨成本	不提供
人事成本	約 NT.15 萬元
空間設計	自行發包

商品設計

經營商品	捲餅早午餐
明星商品	義式起司嫩雞、經典風味牛肉、只芋見你

獨立品牌經營
特色早午餐類型／
麵包、吐司、捲餅
類型

圖片提供__直學設計

開創炭烤吐司
配紅茶牛奶早餐風潮

做自己愛吃也吃得安心的食物，開啟滿懷喜悅的每天

在職涯轉換的交岔路口，究竟要找下一份工作，還是創一個可以持續投入的事業？從國境之南的恆春北上發展多年，2012 年許岷弘決定放手一搏，從自己家傳承 70 年的烘培手藝，與太太的阿公以前經營茶行的背景，開始探索創業的方向——記憶中熟悉的「那幾味」，2013 年 4 月成立「就愛豐盛號」，把兩種在台灣地方紅了許久的古早味「湊成對」，更被食尚玩家列為台北十大必吃早餐，爆紅之後依舊穩紮穩打經營，2018 年才再開二店，比起追求快速獲利成長，老闆夫婦更在乎的是「過得開心嗎」。

就愛豐盛號

2013 年 4 月創立的品牌，秉持自己的土司自己做、自己的糖水自己熬、產銷履歷好食材、安心溯源好蛋四大核心價值，傳遞小時候住在恆春老家的飲食記憶，賣自己愛吃的食物，並以安心、健康的選材製作方式，取得消費者認同。

文__楊宜倩　資料暨圖片提供__就愛豐盛號、直學設計　空間攝影__ WYS PHOTOGRAPHY

❝ 營運心法：

1 原物料到製程逐一把關，提供具水準的食物。
2 嘗試加入不同餐點，帶給顧客更豐富的選擇。
3 回到開業初衷，準備好了才續展第二家分店。

　　每個人感到開心、獲得成就感的方式不同，就愛豐盛號創始人許岷弘，從和顧客分享「吃到好吃東西的快樂」中獲得成就感。出了捷運站從大馬路彎進小巷子，前往雙城店的途中，就像進行一場街區的探索，在懷舊氣氛濃厚的晴光商圈中找一間老房子，循著吐司與奶油的炭烤香氣，看到二丁掛洗石子滾邊的外牆，與院子排著隊的人龍，才注意到低調的招牌。

研發籌備近一年，能自己做就不假他手

　　建構就愛豐盛號的過程，有點「自我探索」的意味。許岷弘提到自己北上生活多年，三餐在外，尤其是早餐，很難吃得健康，了解食材來源，因此在研發產品的階段，就奠定能自己做就不買現成品的基本教義，從原料食材著手，土司從恆春老家鼎豐糕餅行宅配直送，蔗香紅茶選用大稻埕林華泰茶行的茶葉、甘蔗熬煮悶製糖水，肉排選用獲神農獎肯定、來自屏東麟洛的「家香豬」，安心溯源的雞蛋，彰化秀水主恩牧場的鮮乳，從原物料到製程都逐一把關，他認為餐飲服務業是人的產業，對內管理或對外營運，都要回到「人的需求」出發，不能只是一時 的包裝噱頭，客人是有感覺的，而信譽是建立在每次呈現給顧客的內容水準都一致，不能鬆懈。

　　2013 年士林一店開幕，小本經營也沒有行銷預算，憑著踏實一步步穩健經營的想法，2014 年被《食尚玩家》節目選為台北必吃十大早餐後，打開知名度，頓時成為排隊名店，2017 年被大陸美食 APP「大眾點評」選為年度人氣商戶，創業 7 年來一直有人詢問能否加盟，許岷弘則是每每回到創業初衷，不想做一時的生意，炒短線賺快錢。

七年開二家直營店，海外加盟主來學一年半

　　2018 年許岷弘希望尋找一個能在台北烘焙土司的場地，正在建構雙城二店，透過集品不鏽鋼的老闆引薦了直學設計設計師鄭家皓，洽談之後彼此理念契合，決定委託直學設計規劃雙城店空間。他回憶士林店的創業金有限，店內空間規劃甚至裝修有些是自己和朋友動手做，這次有專業餐飲商空設計師的加入，將動線的安排規劃做了一致性的整合，將 50 年老屋的特色與優點保留，也有技巧地解決老屋的管線屋況問題，實現給員工和顧客更舒適環境的想法，同時也加入了新菜單——鍋燒意麵，南部早餐店到午餐時段會賣的餐點，帶給顧客更豐盛的選擇。

雙城店2樓前段為座位區，規劃窗台座位區、長桌區與方桌區，以因應不同來客數；兩面採光與屋高優勢，營造舒適的用餐氛圍。

圖片提供＿直學設計

圖片提供＿直學設計

圖片提供＿直學設計

（上）尋找二店的店面時，希望能給員工一顧客更舒適的空間體驗，同時也能落實「廠店合一」的布局，雙城店的二樓後段規劃為烘焙工作區，可透過玻璃隔間看到吐司誕生的過程，新鮮美味讓顧客眼見為憑。（下）開放式廚房設計挑戰作業流程與清潔工作，工作人員操作動線的整理、設備水火管線電路配置，都需反覆推敲考慮，才能讓開放式廚房成為料理展演的舞台而非一場災難。

同年來自新加坡的兩位年輕人來台北吃遍早餐店，想找可以引進新加坡的早午餐品牌，吃過就愛豐盛號之後，登門拜訪希望能加盟。在婉謝了諸多想要加盟的人之後，許岷弘感受到這兩位年輕人的誠意，一再溝通對經營的理念是否吻合，並提出一切要比照台灣做法，嚴選食材、自製把關等條件，兩人也真的住在台灣一年多的時間，學習做土司、熬甘蔗糖水，拿捏炭烤的火侯、三明治層層配料的比例，終於在 2019 年的 8 月 30 日於新加坡的 paya lebar 的商場 Paya Lebar Quarter 開幕，許岷弘對第一家加盟店的品質非常重視，建構期間多次往返新加坡，開幕初期人手不夠也下現場支援，也從中了解餐飲跨足海外市場的眉角。

從做自己愛吃的東西開始，研發、帶人、待客，就愛豐盛號的價值觀是「表裡如一」，老闆、管理層以身做則，提供有溫度的食物，有溫度的服務，面對客訴，他們的方針是坦然面對處理，人與人的相處不可能全無磨擦，但貴在真心誠意，對許岷弘來說，就愛豐盛號不只是一個想長久經營的品牌，更是實踐生活態度的一種傳達。

（左）就愛豐盛號創始人許岷弘。（右上）一天的第一餐一定要吃得健康，因此餐點中的食材盡可能自製，把關原料製程與品質。吐司來自老闆恆春老家傳承70年烘培專業，紅茶選用百年茶行林華泰茶行的茶葉，糖水則用紅甘蔗熬煮而成。（左下）南部早餐店開到午餐時段，菜單多有這一味鍋燒意麵，為了呈現兒時記憶的風味，在雙城店開發了內用限定的麵食附餐系列，其中豐盛鍋燒意麵是午餐時段的熱銷產品。

就愛豐盛號

開店計畫
STEP

2012.08	2013.04	2014.09	2018.08	2019.09
開始籌備，進行產品研發、找點、組初期團隊、裝修	士林店正式開幕	士林店內裝更新	雙城店開幕，開始做線上宅配	新加坡加盟店開幕

品牌經營

品牌名稱	就愛豐盛號
成立年份	2013 年
成立發源地／首間店所在地	台灣台北／台灣台北士林區
成立資本額	約 NT.80 萬元
年度營收	不提供
國內／海外家數佔比	台灣 2 家、海外 1 家
直營／加盟家數佔比	直營 2 家、加盟 1 家
加盟條件／限制	個案處理
加盟金額	個案處理
加盟福利	個案處理

店面營運

店鋪面積	士林店約 20 坪，雙城店約 40 坪
平均客單價	士林店約 NT.120 元，雙城店約 NT.180 元
平均日銷售額	不提供
總投資	不提供
店租成本	不提供
裝修成本	兩店合計 NT.500 萬元
進貨成本	佔營收的 35～40%
人事成本	佔營收的 35%
空間設計	直學設計（雙城店）

商品設計

經營商品	碳烤吐司、紅茶牛奶
明星商品	肉蛋起司土司、土豆粉土司、鍋燒意麵、紅茶牛奶

獨立品牌經營
特色早午餐類型／
異業跨界延伸
類型

攝影＿＿Amily

森呼吸讓身心
沉浸在美好早午食光

放慢腳步感受咖啡五感沉浸式體驗

距離市區最近的國家公園──陽明山，向來是郊遊踏青的熱門景點，
又有日治時期與美軍留下來的老屋宿舍群，文化與自然兼具。cama
café 參與「老房子文化運動 2.0」計畫，進駐擁有遼闊庭院的 80 年歷
史建築進行旗艦店規劃，也因應商圈的目的性消費特性，自咖啡跨足早
午餐，從打造最美咖啡秘境出發，將觸角延伸至餐飲，提供舊雨新知全
新的五感體驗。

CAMA COFFEE ROASTERS 豆留森林

深耕台灣超過 13 年，也是全球唯
一最多現烘咖啡連鎖品牌 cama
café，歷時兩年的籌備，投入百
位專業人力，斥資 NT.3 千萬元，
結合咖啡、烘豆體驗與餐食，打造
森林咖啡秘境「CAMA COFFEE
ROASTERS 豆留森林」，讓品牌
價值能完整被消費者體驗。

" 營運心法：
1 從咖啡跨入早午餐市場，拉近與消費者間的互動與距離。
2 具氛圍的空間營造，感受環境、咖啡、飲食的深度美好。
3 結合咖啡五感與沉浸式體驗，帶給顧客不同的飲食感受。

　　兩年多前，cama café 董事長何炳霖在台北市文化局媒合下，打開封閉已久的大門，走進建於 1937 年的歷史建築、前身為台灣省政府「農林廳林業試驗所轄管廳舍」和洋老屋，便決定以此作為品牌旗艦店的基地與靈感來源，從一顆咖啡豆與森林的相遇，開展跨域延伸及文化的探索，以咖啡為核心思考研發搭配的餐食，精心規劃烘豆體驗專區重新詮釋 Bean-toCup，藉由「咖啡五感沉浸式體驗」，傳達「第四波咖啡浪潮」中拉近咖啡師與消費者之間的互動及知識傳達。

森林主題早午餐，咖啡佐餐享受逗留時光

　　「CAMA COFFEE ROASTERS 豆留森林」是 cama café 首度跨足餐飲業的第一步，為了跨出這一步，店內菜單研發團隊反覆試菜達半年之久，特別研發的帽子拿鐵、三溫糖濃縮咖啡、香草咖啡氣泡通寧，這些都是在門市前所未見的新風味，其中帽子拿鐵是 cama 經典的華麗升級，倒入濃縮咖啡時奶蓋有如變出一頂高帽子，是趣味與風味雙享受的網美視覺系特色飲品。餐點規劃特別邀請榮獲國際獎項的飯店主廚指導，研發經典早午餐、下午茶、排餐、牛肉野菇芝麻葉起士披薩、松露米蘭菌菇燉米麵等菜色，每日還有限量手作的司康，是佐精品咖啡的好選擇。

　　為因應用餐與拍照打卡的需求，座位設計比市區外帶為主的店型更寬敞舒適，走道寬度與桌距也需考量出餐收餐人流動線，緊鄰日式拉門的座位窗外就是竹林小徑，光線灑在早午餐盤上宛如天然濾鏡，味蕾與視覺都滿足。

邀集各界專家加入，打造讓人想停留的咖啡體驗

　　腹地占地 600 坪，又要修復歷史建物，同時要打造全新樣貌的旗艦店，何炳霖決定「讓專業的來」，並以「森林」這個概念，全新演繹咖啡空間。與曾榮獲傑出建築師獎，主導過「好樣文房」、「四四南村」翻修的許伯元建築事務所團隊合作，悉心修復保留歷史老宅風貌，同時打開圍牆，讓更多人能走入親近。品牌整體空間設計與曾被日本設計雜誌《QUOTATION》選為亞洲受矚目的創意公司之一的 PHDC 合作，包含 CI、平面視覺、包裝設計、室內空間規劃設計、動線規劃、陳列設計等，並根據不同產區的文化特色，為 cama café 烘焙的咖啡豆設計出 10 款 pattern，做成厚厚的杯墊夾在咖啡豆袋上，也運用在濾掛咖啡包裝。庭園景觀設計則與曾主導《少年 Pi 的奇幻漂流》、《賽德克巴萊》等電影造景製作的團隊強而青合作，善用陽明山獨有的氣候條件，搭配百年金桂花樹等原生樹種、竹林，並植入咖啡樹苗，以景造景，營造宛如置身靜謐森林的寧靜氛圍。期盼藉由空間環境的營造，讓顧客更能品嚐出一杯咖啡所帶來的美好感受。

（左）藝術小屋的壁畫由cama café設計總監繪製，描繪Beano進入森林的奇幻冒險，也是品牌DNA與咖啡、森林、老屋文化加乘的創作。（右）保留基地上已生長百年的兩棵金桂，以苔蘚與台灣原生植物造景，搭配生態池木桌，10月金桂花盛開，還能佐桂花雨香氣品飲咖啡。

攝影＿Amily

攝影＿Amily

（上）不同於一代店都會快速的咖啡需求，在80年日式宿舍老屋中注入咖啡文化與精神，並提供從咖啡延伸到餐食的完整餐飲體驗，並能選購豆留森林獨家選物與商品。（下）為讓咖啡迷完整體驗Bean-to-Cup──從一顆生豆，到一杯咖啡的烘豆過程，專業規劃烘豆教室專區，並設計預約制烘豆課程，未來也將開設短時體驗的課程讓更多人參與。

親自體驗從一顆生豆到一杯咖啡的烘豆過程

結合「咖啡五感」及「沉浸式體驗」的烘豆教室專區，設計了歡迎一般民眾報名參加的烘豆課程，由 cama café 的 SCA 認證烘豆師及義式咖啡師認證的專業團隊共同監製，課堂中由咖啡達人帶領學員，從品嚐一杯精品咖啡的風味層次（coffee tasting）開始，提供不同焙度的精品豆讓學員品飲，學習體會箇中差異與風味描述，並透過小遊戲教大家認識瑕疵豆與手工挑豆，現場有 4 台單人烘豆機並有專屬的咖啡講師帶領製作屬於自己風味的咖啡豆，製作完成可帶回 9 ～ 10 包濾掛咖啡及約 160g 咖啡豆，最後還可現場沖煮試飲自己作品，並頒發證書，讓咖啡愛好者更深度與咖啡師互動，身歷其境體驗 Bean-to-Cup 的旅程。

（左）「帽子拿鐵」基底為嚴選精品豆配方，嘗得到的綿密奶泡，特別推薦冰飲，倒入咖啡時奶蓋浮起就像變出一頂高帽子。「抹茶紅豆鬆餅」口感介在磅蛋糕和鬆餅之間，搭配萬丹出產的紅豆泥，佐手工抹茶煉乳醬及手工鮮奶香提醬，呼應日式老屋氛圍。（右）招牌早午餐「森林國王早午餐」，融入森林中打獵的國王意象，選用安格斯牛排、漢堡肉等，擄獲肉食派饕客的心。

攝影＿ Amily

攝影＿ Amily

CAMA COFFEE ROASTERS 豆留森林

開店計畫
STEP

2017 年底	2017 年底～2019 年中	2019.05~10	2019.11	2020.02
臺北市政府文化局「老房子文化運動2.0」投標成功	硬體設計與送審。概念構成與來回修改確認	餐食設計與試菜，內部試營運壓力測試3個月	正式對外營業，與臺北市政府文化局共同舉辦開幕記者會	開放2成座位預約，現場平均候位1小時

品牌經營

品牌名稱	CAMA COFFEE ROASTERS 豆留森林
成立年份	2019 年
成立發源地／首間店所在地	台灣台北／台灣台北士林區
成立資本額	不提供
年度營收	不提供
國內／海外家數佔比	台灣1家
直營／加盟家數佔比	直營1家
加盟條件／限制	無
加盟金額	無
加盟福利	無

店面營運

店鋪面積	600 坪
平均客單價	約 NT.350 元／人
平均日銷售額	不提供
總投資	NT.3,000 萬元
店租成本	含在總投資裡
裝修成本	含在總投資裡
進貨成本	不提供
人事成本	不提供
空間設計	建築修復設計：許伯元建築事務所 品牌整體空間設計：PHDC 庭園景觀設計：強而青

商品設計

經營商品	精品咖啡、花式咖啡、經典早午餐、下午茶、排餐、戶外庭園野餐籃
明星商品	帽子拿鐵、三溫糖濃縮咖啡、香草咖啡氣泡通寧、焦糖拿鐵、時令水果鬆餅、花園皇后早午餐、森林國王早午餐

獨立品牌經營
特色早午餐類型／
異業跨界延伸
類型

攝影__Amily

Loft 工業風老宅氛圍
吃得到高 CP 值早午餐

豐富拼盤組合與講究擺盤呈現

穩居新北市新板特區早午餐人氣指標的「Merci Café」，主理人莊喬菱（Emma）與男友有著對餐飲的熱情與積極，寧願少賺一點也要讓客人吃到最新鮮的食材，加上大分量的拼盤早午餐組合，以及充滿復古老件氛圍的空間氛圍，開店至今週末依舊一位難求。

Merci Café

此為 merci 餐飲的首間店，於 2011 年 12 月成立，以早午餐起家，隨後陸續發展日式定食為主的 Merci petit、以及 Merci Vielle 主打甜點蛋糕，到獨棟法式甜點 Merci Crème，每間店的餐食、風格各有差異，希望提供消費者更多元豐富的選擇。

❝ 營運心法：
　1 成立粉絲團、發放宣傳單，增加品牌知名度。
　2 用新鮮健康食材搭配擺盤，提升餐點 CP 值。
　3 拓展外燴、禮盒市場，讓經營面向更加多元。

　　隱藏在板橋小遠百巷弄內的 Merci Café，開業至今將近 9 年的時間，早午餐、義大利麵等餐點一直深獲好評，每到假日幾乎座無虛席，在 Emma 與男友的經營之下，如今的 Merci Café 更延伸發展出一系列的姐妹店：Merci petit、Merci Vielle、Merci Crème，成為板橋地區的人氣店家。

巷弄店址壓低成本，Loft 風格建立空間亮點

　　對於開店創業，Emma 算是屬於一步一腳印、穩紮穩打類型，求學階段即選擇飯店管理相關科系，加上五星級飯店、酒吧、雪茄館等打工與實習經驗，讓她學習到不同領域的 Food & Beverage 專業知識，其中也包含服務應對、語言等訓練，隨後於英國旅居的生活體驗，更開拓她對於餐飲、美學等面向的視野。回台灣之後，因著對三明治、沙拉的喜愛，加上一路以來打工、獎學金的累積，開始有了 Merci Café 的誕生。

　　選擇落腳在板橋其實是種種限制的促成，除了考量店租成本，也為了節省往返開店的方便性，更重要的是，Emma 觀察到當時新板特區並沒有太多早午餐的選擇，而且雖然店址在巷子內，但拐個彎出去即是知名指標「遠東百貨」，又有五鐵共構的板橋車站優勢，結合開店之初成立臉書粉絲團、發放宣傳單等行銷擴散作法，慢慢讓更多人知道 Merci Café 的存在。

　　另一方面，Merci Café 的空間氛圍也是打開知名度的其中一個因素，不論是初始店（現今的 Merci petit）或是現址、以及其他姐妹店，利用各式古董老件與道具所打造的復古老宅風格，掀起網友們的熱烈討論，而扮演最重要的幕後推手即是男友。他以過往從事攝影師的佈景、道具製作經驗，加上自身的藝術美感，親自操刀每一間 Merci 的空間規劃，2013 年搬遷後的 Merci Café，便以 Emma 旅居英國倫敦的 Loft 工業風格為發想，刻意敲打裸露的紅磚牆，吧台更是巧妙以 H 型鋼構結合水泥灌注而成，許多傢具甚至都是男友利用舊木料、廠房五金等 DIY 完成，獨到的美感呈現，感受得到兩人對於空間的用心。

縮減利潤，用新鮮健康食材搭配擺盤提升餐點 CP 值

回歸到餐點本身，Merci Café 最令人讚賞的就是高 CP 值，不論是經典早午餐或是三明治套餐，分量多、配菜豐富，最便宜從 NT.210 元起跳，從現在的物價水平來看確實划算，難道不想多賺一點嗎？「開店是一種社會責任，不能因為要削價競爭就提供低品質食材，我們很在意食材的新鮮與否，蔬菜一定先試吃過再決定是否長期配合，寧可稍微壓低利潤，讓食材流動速度快，保持餐 點的品質，而且這些餐點絕對是我們（包含員工）也喜歡的口味，才敢端出去給客人。」Emma 說道。一方面，她也認為當價位合理、餐點好吃，客人自然願意經常光顧，那麼面對食材成本的起伏該怎麼辦？Emma 繼續補充，餐點設計必須依據食材成本起伏截長補短，例如當甜椒價錢飆漲的時候，即可選擇當下顏色接近、價位合理的食材替換，依舊兼顧視覺美感與口味的層次。

除此之外，與時俱進的餐點設計、擺盤，也是 Emma 持續不斷自我進修的項目，像是因為健康風潮帶動的超級食物藜麥、巴西莓粉，她就選擇在夏天推出藜麥沙拉，清爽且降低身體負擔，以及將巴西莓粉與優格一起混合，成為女孩最愛的低脂主食餐，而最近她也觀察到國外開始流行白花椰菜剁碎之後取代米飯，近期也希望能推出以白花椰菜為主角的餐點。不僅如此，她們也維持平均 2～3 個月一次的日本東京旅遊，「東京是一個隨時都有新鮮事物能激發靈感的地方，而且日本人實事求是、細節多，對於我在菜單設計上有很大的幫助。」Emma 笑著說，也因此，手機相簿裡面全是各式各樣食物集錦，觀察別人的、再思考如何進化，成為她一直向前進的目標，難怪她笑說自己是一個閒不下來的人。

（左）Merci Café入口左側規劃為2人客席區，斑駁裸露磚牆，配上木頭鐵件單椅，加上大量的綠意圍繞之下，輕鬆愜意氛圍吸引不少客人喜愛。（右）裸露的紅磚窗台，利用老件百葉門框的妝點，讓人彷彿置身歐洲般的錯覺。

攝影＿Amily

攝影＿Am

攝影__ Amily

攝影__ Amily

（上）Merci Café吧台巧妙利用C型鋼構與水泥灌注打造而成，凹槽結構無形中成為收納、展示咖啡豆的功能，　吧台座位桌面更是男友DIY手作，空間散發著隨性自在的氛圍。（下）Merci Café多數為2～4人桌，Emma分析，台灣人普遍不愛與陌生人併桌，因此空間僅配置一張大長桌，原本規劃於內側角落，希望營造出半包廂式的效果，後來調整至前方卻意外提高客座率。

拓展外燴、禮盒市場，下一步進入烘豆領域

　　也由於餐點做出口碑，加上 Emma 與男友都是喜歡和客人互動的個性，一次老客人委託 Emma 負責婚禮外燴餐點，博得賓主盡歡的美好開端，讓 Emma 慢慢拓展外燴市場，除了客人間的推薦，也深獲許多品牌與企業的青睞，例如夏姿、萊雅、愛奇藝、兩廳院等，而只要有接到外燴訂單，Emma 更會帶領員工一起參與挑戰，「同仁們在一個位置久了容易麻痺缺乏同理心與刺激，讓他們接觸其他多樣的工作機會，不只有成就感也會投入對 Merci 的認同感。」Emma 娓娓 道來管理的小細節。

　　雖然 4 間店都在穩定成長中，但至今 Emma 與男友仍堅持凡事親力親為，目前多半時間都待在 Merci Café 的兩人，接待客人、洗碗、餐點製作樣樣都做，同時也會依著員工的能力給予目標與計畫，讓他們能跟著 Merci 一起成長。例如 Merci Vielle 的店長擁有豐富的咖啡經驗、對於咖啡也有相當的敏銳度，近期店長正在積極學習烘豆專業知識，未來也將會以 Merci 這個品牌、加上個人烘豆師的名義，申請 coffee review 評鑑，屆時 Emma 也預計再增加獨立的烘豆空間，自家生產每間 Merci 所需要的咖啡豆，更包含對外販售，言談之中感受得到 Emma 對於 Merci 品牌持續往前的積極性，也難怪 Merci Café 能站穩新板一級戰區依舊屹立不搖。

（左）熱愛蒐集老件的兩人，大量運用許多古董傢飾作為空間佈置，牆面刻意敲打為裸露樣貌，希望能重現Emma旅居英國時喜愛的Loft倉庫風。（右）經典的貓王艾維斯搖滾總匯搭配脆脆的三明治套餐組合，雞蛋可更換成炒蛋或是水煮蛋，配菜同樣是3種選擇，還有檸檬汁與紅茶的選項，這樣一份為NT.240元，以雙北物價而言確實很有競爭力。

攝影＿ Amily

攝影＿ Amily

Merci Café

開店計畫
STEP

2011.10	2011.12	2012.02	2012.10	2014	2015
開始籌備	正式開幕	開始加入創意行銷手法維持市場熱度	開始移到同條巷子較大的新空間，舊址轉變成「Merci petit」日本雜貨、歐洲老件古董 & 輕食	今年的員工旅遊去到了日本京都，發想了「日式咖啡店」的想法，跳脫原有的框架，在板橋老街區開始了「Merci Vielle」	成立了「Merci Crème」，一棟台灣 40 年老屋提供了法式甜點 & 鹹食，一樣有家的感覺。同年開啟了「Merci Catering」的新篇章

品牌經營

品牌名稱	Merci Café
成立年份	2011 年
成立發源地／首間店所在地	新北市板橋區／新北市板橋區
成立資本額	約 NT.150 萬元
年度營收	不提供
國內／海外家數佔比	台灣 4 家
直營／加盟家數佔比	直營 4 家
加盟條件／限制	暫無加盟計畫，僅供餐飲顧問協助服務
加盟金額	暫無加盟計畫，僅供餐飲顧問協助服務
加盟福利	暫無加盟計畫，僅供餐飲顧問協助服務

店面營運

店鋪面積	約 27 坪
平均客單價	約 NT.300 元
平均日銷售額	不提供
總投資	不提供
店租成本	不提供
裝修成本	不提供
進貨成本	不提供
人事成本	不提供
空間設計	洽品牌

商品設計

經營商品	早午餐、輕食、義大利麵、燉飯、手作甜點
明星商品	貓王艾維斯搖滾總匯三明治、黑糊椒牛肉哥頌

獨立品牌經營
特色早午餐類型／
異業跨界延伸
類型

手沖咖啡
$120

攝影＿Amily

待一整天隨時點用
現做低負擔餐點

經營需求未被徹底滿足的分眾市場

覺旅咖啡
Journey Kaffe

把餐廳的好料與廚房搬進咖啡館，
開放式廚房能看到製程，全天都
能點用天然食材新鮮現做的餐點，
每個座位都有免費插座與網路，
靈活的各式像具任選運用，讓這
兒既是你的個人工作室，也是你
的交誼廳。

「用餐限時」幾乎是當今餐飲店家提高翻桌率不得不的待客之道，「覺旅
咖啡 Journey Kaffe」創辦人張書豪身為長時間泡在咖啡館工作的重度
使用者，輾轉於能待上整天的連鎖咖啡館，不過對於 10 年前的連鎖咖啡
館只有微波餐點或冷食、使用網路插座諸多限制等經驗，讓他萌生開一家
不限時間，且對創作者友善的「能量速食」與「社交咖啡館」。

❝ 營運心法：
1 座位配有免費插座與網路，滿足使用需求。
2 從「久坐」出發，製作出適合的餐飲料理。
3 提供「真食物」，以滿足飲食能量與營養。

　　平日下午 2 點，一百多坪的店內宛如流動的饗宴：附近上班族剛結束午餐在門口告別各自回到工作崗位；戴著耳機操作筆電的單人顧客，邊吃午餐同時進行視訊會議；三五成群的年輕人進到店裡的社群創作廚房，討論著披薩要加什麼料、誰的做出來最可口；窗邊的臨窗高腳雅座也有雙人依偎的背影，分享甜點與飲品。張書豪希望創造不同於印象中咖啡館的體驗：顧客是主角，與他們共享空間，提供自主、自在以及探索的可能性，讓他們在這個空間中成就各式各樣的「作品」。

All day dinning，整體設計培養重度使用者

　　自曝過去也是重度咖啡館使用者的張書豪，笑著說自己不是咖啡達人，而是喜愛咖啡館的氛圍，並有長時間在外工作的需求，然而 10 多年前的咖啡館，能夠接受長時間使用的大概只有連鎖型的咖啡館，不過即使想付費使用插座網路也並不方便，每到用餐時間就陷入要先收拾離開吃碗麵再回來、還是乾脆轉移陣地的兩難，因此，在當時投入的連鎖加盟餐飲店合約到期後，便決定思考自行創業的可能性，他便從自己這個族群的需求出發，補充市場未被滿足的空缺，開始了覺旅咖啡 Journey Kaffe 的創業之路。

　　因為地緣關係第一家店選擇落腳當時剛發展的內湖科學園區，提供長時間待在咖啡館的創意工作者一個自在自主的非典型咖啡館，100% 的座位都配有方便使用的免費插座與網路，並提供充足的照明，搭配閱讀燈設計的座位，同時全天供應天然食材現做餐點，面對用餐時間不用再掙扎去留問題。此外，考慮到久坐的生活型態，餐點以地中海式早午餐、木碗沙拉、咖啡飲品、自製點心等方面規劃設計，多用天然食材減少加工品烹調，同時要方便食用，甚至還放了微波爐，方便顧客加熱因被工作打斷而冷掉

的食物，把「翻桌率」的思考，轉換為「翻品率」的設計，培養有歸屬感的忠誠顧客。當然也會耳聞要來把插座、網路一次用個夠的聲音，不過張書豪表示，真正發生的情況相當有限，不過這就是覺旅咖啡的待客之道，對客人大方、解決他們的痛點，絕大部分的顧客會有所感，進而成為最好的推廣者，至於整天插著筆電所消耗的電費其實還好，得到顧客認同覺旅咖啡的品牌價值才彌足珍貴。

Co-working space，遊戲化行為設計「正打歪著」

在西湖店開幕後，沒多久就成為排隊名店，思索第二家店時，除了延續品牌一貫的精神之外，也在思考區位選擇與兩家店的差異化。後來決定在內湖開設陽光店，深耕這個區域的客群，同時也紓解西湖店的人潮。陽光店佔地更加寬敞，且有大面綠意窗景，但交通不如西湖店有捷運公車易達性高，因此也在思考要加入什麼差異化元素，因而從「共享空間」的概念出發，提供創意工作者可以切換工作與休息、適時分心一下再回來思考的場域，從共用茶水間出發的社群創作廚房於焉誕生，藉由明確的遊戲化操作說明，不需要什麼烹飪知識背景，就能親手做出料理，從這個安全的冒險轉換一下工作的心情。推出之後，沒想到並非吸引創意工作者，反而是廣受親子客群歡迎，每到假日就能看到年輕夫妻帶著孩子一起在吧台上

不同於進門就是點餐櫃台體驗流程制式、空間相對擁擠，覺旅咖啡Journey Kaffe陽光店帶給顧客各式各樣的選擇性，可先選符合今天需求位置再到櫃台點餐，也能到社群創作廚房選擇想做的料理，開放自主的氛圍落實以顧客優先的核心價值。

攝影__ Amily

攝影__ Amily

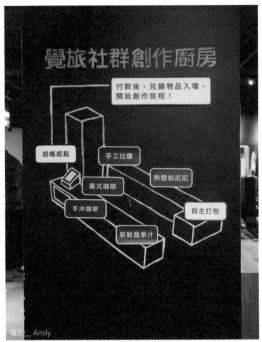

覺旅咖啡Journey Kaffe陽光店的社交創作廚房，原本是想作為創作工作者的茶水間，意外的也受到親子客群與年輕顧客的歡迎，透過遊戲式設計，不需要大量服務人員教學引導，顧客能按照說明自主「闖關」，並提供小矮凳等貼心道具協助。

揉麵、為披薩加料，看著他們的笑容與互動，雖然與原先預期有些落差，但不同族群都能在開放且自由的場域，遵守規則盡情使用，是陽光店意料之外的收穫之一。

率先提供「真食物」，提供能量與營養

張書豪非常清楚，覺旅咖啡的強項不在做出冠軍咖啡或是米其林餐點，也不是主打視覺設計吸引打卡按讚的網紅店，他甚至有點為難的說，只要是他們店裡自己規劃的行銷活動，其實效果都沒有顧客發自內心推薦寫的食記與 Instagram 分享來得好，他們所做的，其實就是提供一群顧客一直以來他們被忽略的需求，其他的部分就做到達到標準水平，不與對手競爭對方的強項，而是補充對手尚未滿足的區塊。

10 年前的早午餐市場，以美式餐點為主流，分量大，多薯條、炸雞等澱粉類或油炸烹調方式，少蔬果的飲食對於久坐少動的人來說是身體的負擔，因此飲料除了基本的咖啡與茶，還設計了水果飲品如果汁、果昔，不想吃太多也有湯品選擇，蔬菜滿點的木碗沙拉及地中海早午餐，也都是從提供能量與營養出發設計，經過這些年這類型的餐食已經在咖啡館早午餐圈相當普及，未來他也希望能將這樣的飲食方式更加擴大推廣，讓早午餐型態咖啡館的自由與隨興，能成為更加成熟的餐飲業態。

（左）打破咖啡館早午餐店家限時之外，更提供100％插座與網路座位，還有閱讀燈、活動矮凳傢具，顧客可依需求自行佈置出自己的專屬工作站。（中）拿鐵咖啡與香蕉蛋糕組合為店內長銷人氣商品，自製甜點把關食材與製程，使用1.5根香蕉製作的濃郁紮實口感，一試成主顧。（右）人氣地中海早午餐「培根蔬菜小米飯」，既有粗食小米、豐富蔬菜、香煎培根與滑嫩水波蛋，且單手就能方便食用，同時攝取足夠的能量與營養，整天久坐工作也不覺得負擔。

攝影__ Amily

攝影__ Amily

攝影__ Amily

覺旅咖啡 Journey Kaffe

開店計畫
STEP

2009	2010.01	2015.01
開店前籌備：市場定位、商品研發、找點等	西湖店開幕	陽光店開幕，加入社群創作廚房概念

品牌經營

品牌名稱	覺旅咖啡 Journey Kaffe
成立年份	2010 年
成立發源地／首間店所在地	台灣台北／台灣台北內湖區
成立資本額	不提供
年度營收	不提供
國內／海外家數佔比	台灣 2 家
直營／加盟家數佔比	台灣 2 家
加盟條件／限制	無
加盟金額	無
加盟福利	無

店面營運

店鋪面積	西湖店 72 坪，陽光店 120 坪
平均客單價	約 NT.250 元／人
平均日銷售額	不提供
總投資	不提供
店租成本	不提供
裝修成本	不提供
進貨成本	不提供
人事成本	不提供
空間設計	自行設計、發包施工

商品設計

經營商品	水果飲品、茶、咖啡、自製甜點、木碗沙拉、地中海早午餐、熱壓磚餅、義大利碗麵、湯
明星商品	木碗沙拉、磚餅

Chapter
03

早午餐空間
經營心法

開一間店或許不難，但要如何持續經營且獲利，就得下一番功夫。此章節以「早午餐空間經營心法」為題，切分出「**早午餐經營策略**」、「**早午餐設計規劃**」兩大方向做重點解析。「早午餐經營策略」部分，共分為「開店動機」、「品牌定位」、「經營商品」、「店鋪選址」、「營運方針」等面向；「早午餐設計規劃」部分，則分為「識別設計」、「包裝設計」、「空間設計」、「行銷推廣」等面向，條列開一間早午餐店各面向該注意的部分，供創業者作為進入市場前的參考。

Part 3-1 早午餐經營策略

◎開店動機

◎品牌定位

◎經營商品

◎店鋪選址

◎營運方針

Part3-2 早午餐設計規劃

◎識別設計

◎包裝設計

◎空間設計

◎行銷推廣

專業諮詢__輔仁大學餐旅管理學系副教授林希軒、商瑪廣告事業有限公司總經理徐偉漢、此刻設計有限公司管理及設計總監趙瀚誼、舞夏設計設計總監楊博勛、3+2 Design Studio 設計總監謝易成、名象策略股份有限公司創意總監桑小喬

參考資料__《設計餐廳創業學》（麥浩斯出版）、《成功開店計畫書》（PCuSER 電腦人文化出版）、《跟連鎖經營顧問學開店創業》（寶鼎出版）、《這個厲害！日本超人氣名店的集客祕訣》（臉譜出版）、《小店不敗！低成本也能說好故事、抓住人心的個人餐飲店營術》（臉譜出版）、《經貿透視雙周刊》、iSURVEY 東方線上、財團法人台灣網路資訊中心、創市際市場研究顧問公司

早午餐
經營策略

本章節以「早午餐空間經營心法」為題，切分出「早午餐經營策略」、「早午餐設計規劃」兩大方向做重點解析。「早午餐經營策略」部分，共分為「開店動機」、「品牌定位」、「經營商品」、「店鋪選址」、「營運方針」等面向，條列各面向該注意的部分，作為進入市場前的參考。

01
開店動機

★ 清楚了解自己為什麼想開店

開店創業不容易，絕非單純出資這麼簡單，不僅工作辛苦又得承擔風險，因此開店前最好先清楚了解動機以及為什麼想開店，盲目投入最後很可能只會失敗收場。

面對現實的問題

　　專於企業策略與商業模式、連鎖產業經營輔導的宜蘭大學應用經濟與管理學系副教授官志亮，曾在《手搖飲開店經營學》一書中提及，開店創業無論是要成立自己的品牌，還是圓一個當老闆的夢，「獲利」仍是主要目標，這才能達到永續經營的目標。開店時記得「自我」放後頭，「滿足消費需求」擺前頭，商品獲

消費者接受認同了，進而消費賺取營收，店才有的獲利的可能，否則沒了獲利一切都會變成壓力。

連鎖加盟 VS. 自創品牌

　　《經貿透視雙周刊》名為「連鎖經驗傳真 加盟 寶島傳神」一文點出，連鎖加盟在台灣發展的算早，不僅是亞洲連鎖產業的領先群，連鎖總部密度也相當高。準備開店創業，若沒有相關經驗，可先以連鎖加盟方式進入市場，加盟總部提供完整資源，以按部就班方式進行開店，成功率相對高；若想自創品牌，除了本身要對餐飲業有興趣，再者也要先了解市場狀況，找出相對優勢再投入。

圖片提供＿野夏設計

圖片提供＿興夏設計

「Bear&Taco」為自創品牌，店
鋪主打墨西哥、早餐、早午餐的
代午餐廳。

02
品牌定位

幫品牌設立定位是進入市場前很重要的一件事,這不只能幫品牌塑造鮮明的個性與特色,進而才能找到自身在市場的位置。

找出與眾不同之處

　　iSURVEY 東方線上於 2016 年發布《賴床經濟 BRUNCH 帶來的質變與商機》調查報告指出,隨早午餐風潮的盛行,替國內餐飲市場帶來質變,連鎖早餐店業者紛紛改變經營模式、延長時間加入戰局,速食業者也提供多樣化盤餐套餐,試圖吸引消費者目光,除此之外,便利商店也積極搶攻,而原有的早午餐店也透過開分店、推動多元服務等作法,企圖鞏固本身的市場版圖。面對如此競爭的早午餐市場,3+2 Design Studio 設計總監謝易成表示,「必須要有突破性的東西,才能在競爭環境中殺出重圍。」投入前記得要先問問自己如何與眾不同?自我優勢又在哪?這樣才能作為切入市場的「特殊點」,進而作為開店創業與品牌定位的核心,與市場的差異才能拉開。輔仁大學餐旅管理學系副教授林希軒認為,「就算市場已有這樣的『特殊點』,若你仍有辦法做的比競爭對手更好,這也算是找到自我優勢的一種,代表仍有機會可行的。」

有沒有辦法滿足需求

　　要如何讓「與眾不同」化為具體,林希軒建議,一定得搭配實際的市場調查才行,透過市調確定你的消費者是否存在,亦能了解能否滿足需求,進而才有落實的可能。「消費者想買、願意買、真的會買,那才是真的代表你所推出的商品有滿足消費者需求,否則一切都只是理想。」林希軒補充。連鎖加盟在台灣發展的算早,不僅是亞洲連鎖產業的領先群,連鎖總部密度也相當高。準備開店創業,

若沒有相關經驗，可先以連鎖加盟方式進入市場，加盟總部提供完整資源，以按部就班方式進行開店，成功率相對高；若想自創品牌，除了本身要對餐飲業有興趣，再者也要先了解市場狀況，找出相對優勢再投入。

善用商業模式畫布做佐證

　　林希軒建議，投入市場前也可善用「商業模式畫布」（Business Model Canvas）這項工具，這不僅能替創業者催生創意、降低猜測、找到目標客戶，以及合理解決問題，也能有助於更加理解公司的全貌。商業模式畫布共有九宮格，包含 Key Partners（關鍵合作夥伴）、Key Activities（關鍵活動）、Key Resoures（關鍵資源）、Value Provided（價值主張）、Customer Relationships（顧客關係）、Channels（通路）、Customers（目標客群）、Costs（成本結構）、Revenue and Benefits（收入與好處），逐一填妥每一項，藉此釐清開店創業問題。

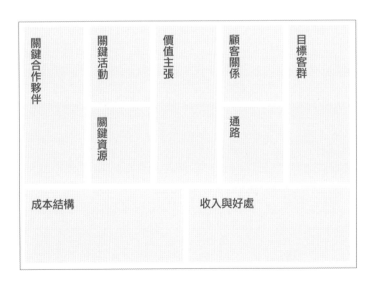

「商業模式畫布」（Business Model Canvas）工具，可替創業者催生創意、降低猜測、找到目標客戶，以及合理解決問題。

★ 品牌定位決定相關的經營形式

《成功開店計畫書》中的作者曾提及，挖掘到市場需求後，還要再從中去做細微的切割，針對他們細微特殊的需要以及自身定位，共同決定經營形式，其中還含括店型、商品、價格、餐期等設定。

外帶型 VS. 內用型

觀察目前台灣的早午餐經營，撇開速食業者、便利商店體系，主要分為兩大類型，一是「連鎖早餐延伸經營早午餐類型」，二則是「獨立品牌經營特色早午餐類型」，對前者而言，外帶仍屬大宗，反觀後者內用則較普遍，除非像是經營吐司、捲餅這類方便攜帶、可邊走邊食的特色早午餐，外帶比例就相對較高。無論經營外帶或內用市場，最終仍取決所經營的類型以及品牌、產品的定位，彼此相輔相成才能讓銷售達到最大化。

商品的多樣與專精性

經營品項影響品牌的發展，依經營模式、品牌與客群定位，決定它的走向。以「連鎖早餐延伸經營早午餐類型」為例，其客群年齡層涵蓋範圍大，包含大人、年輕人甚至到小孩，在菜單結構的設定上勢必得豐富、齊全，才能滿足各族群的所需。位於台中的「吐司男」偏向「獨立品牌經營特色早午餐類型」，其以夾餡吐司為主打，內餡有肉類、龍蝦或鱈魚……等選擇，不僅抓緊愛吐司人的喜好，也能同步滿足嚐鮮的需求。

定位決定價格

目前台灣早午餐的戰局，除了原本早午餐店，另有連鎖早餐、便利商店、速食業者等共同加入，一般早餐店及便利商店價格較為便宜，連鎖速食店的早餐組合價格稍微高一些，至於早午餐店則較前兩者來的高。此刻設計有限公司管理及設計總監趙瀚誼指出，正因市場選擇性如此多、各業者的價格帶也相對明確，在

決定早午餐價格時必須更加留心，特別是對價格敏感度較高的民眾而言，一旦無法滿足 CP 值，便容易往其他連鎖早餐、便利商店、速食業者等靠攏。

從時段、餐期找尋獲利空間

　　經營餐廳有所謂「餐期」問題，「早午餐」最明顯的就是時間點問題，無論經營時段、餐期早已被這三個字早給侷限住，不過，不少店家為了把店面的利用率發揮到最大值，會從經營時段、餐期尋找獲利空間。以獨特的三明治口感與醬料口味聞名的韓國連鎖品牌「ISAAC 愛食刻」，在韓國為 24 小時營業，進入到台灣，隨國人飲食與消費習慣不同，無法直接復刻這樣的營業模式，但國內代理商仍嘗試做調整，在修正菜單結構後，順勢讓經營從早餐跨向早午餐，有效拉長餐期時間。商瑪廣告事業有限公司總經理徐偉漢提醒，記得要從餐點本身去做時段、餐期的延長評估，延長後出餐問題、菜單結構是否要連帶調整？食材可否共用？需不需要專業廚師的加入？最終不能被消費者所接受？仔細把這些細節想一輪後，再做經營時段、餐期延長的決策。

攝影＿Peggy

「ISAAC愛時刻」進入到台灣市場後，在菜單上有做了調整，以滿足國人的飲食習慣與喜好。

203

★ 隨時觀察市場、及時做修正

台灣人愛吃、懂吃,餐飲業競爭極其激烈,面對這樣的市場,
經營者對於消費變化的敏銳度一定要有,才能即時做好修正。

試營運做初步演練

　　品牌正式與消費者、市場見面前,一定要先做試營運,特別是對開店新手來說,一定會有沒有考慮到、沒有準備到的部分,倘若有做試營運,可藉此驗證商品、服務、人力……等是否皆符合營運要求。做試營運還有個好處,藉此機會把可能產生的損失、風險降到最低。

把握經營前期做修正

　　謝易成表示,除了創業前期,經營前期也是做修正很好的時間點,可以在進入市場後約半年內盡快檢視相關的營運是否有照計畫在走,如果一切都到位了,但明顯營收就是沒有提升,便可盡快找出癥結點加以改善,好讓後續計畫能夠達標。

攝影__江建勳

攝影__江建勳

「小花徑咖啡FLORET CAFÉ」坐落在宜蘭礁溪鄉,店內裝潢以復古為主,用後現代主義串起過去年輕氛圍的氛圍空間。

03
經營商品

★ 找到市場未被滿足的缺口

流通教父徐重仁曾提及「市場永遠沒有飽和，只是重新分配。」意味著，隨生活型態不停轉變下，市場需求也會不斷地在轉動，這也代表市仍有未被滿足的缺口，創業經營者敏銳度若夠，便能從缺口中找到進入市場的利基點。

加入創意、玩出新意

　　晨間廚房西式早午餐總經理邱明正在成立品牌前，發現到當時的早餐市場呈現兩極化，為了突破重圍，嘗試將西式盤餐概念導入加入傳統早餐中，甚至把器皿提升，更將餐具改為刀叉，這樣的改變讓吃早餐變成一種悠閒的晨間享受，也讓經營戰場從早餐切至早午餐，在競爭市場中走出自己的一條路。在《這個厲害！日本超人氣名店的集客祕訣》書中也曾介紹一間餐飲店，店家把擺盤當作表演，成功吸引顧客上門的例子，顯示善用創意也能找到經營的新意。

用「特色」應市場萬變

　　為了滿足消費者嚐鮮、喜好變化的需求，不少業者嘗試從「特色早午餐」切入市場，如：吐司、蛋餅、捲餅等，此類餐點分量不大又具飽足感，也適合在早餐與午餐之間享用。像是「仁宅吐司」、「軟食力Soft Power」、「扶旺號」等，都用特色在早午餐市場中創出各自的高人氣。

客群年齡差決定商品口味區間帶

徐偉漢提到，所推出的販售商品須符合品牌定位、客群外，口味的設定則建議依客群年齡層來做思考，進而找出他們喜愛的口味與口感。他建議鎖定客群的年齡差距最好落在 10 歲，因相距 10 歲的口味別還不至於相距甚遠，反觀 20 ～ 40 歲之間，隨年紀增長口味喜好易出現明顯的不同。

「軟實力Soft Power」[illegible]

[illegible]

★ 建立商品的獨特性

商品是與其他品牌抗衡的最佳武器，最好能建立具特色的商品，這個特色甚至是有進入門檻的，他人無法輕易模仿，也能奠定品牌在市場的地位。

建立自己的拳頭商品

商品是與其他品牌抗衡的最佳武器，最好能建立具特色的商品，這個特色甚至是有進入門檻的，他人無法輕易模仿，也能奠定品牌在市場的地位。

04

店鋪選址

★ 從客群定位鎖定目標市場

在《成功開店計畫書》一書中曾點出,得從客群定位決定目標市場,再從中過濾篩選出可以經營的商圈,進而找到經營的區域點。

經營地點須與客群吻合

林希軒表示,即使店租再便宜、人再多,但若非品牌的目標客群,便不構成意義。因此在選址時,一定要先確認該區域的客群是否與品牌的客群相吻合,否則就算人流再多,最終仍不會上門光顧,等同無意義。

留意商圈的陰陽面

商圈有所謂的生意好做與難做之分,即俗稱的「陰陽面」,產生原因主要與人車動線相關,陰面人潮少、陽面人潮較為熱絡。徐偉漢提醒,在選址承租店面時,也要將商圈的陰陽面納入考量,這會跟實際經營有很大的影響。

區域消費習慣的分析

徐偉漢表示,進入到某一個區域經營時,由於區域內的業態不同,所對應的客群、消費習慣就有所有不同,再加上早午餐經營也較為特殊,要如何能在中午前後吸引顧客上門,就更為重要。他進一步指出,可以針對商圈做組合優惠、外送服務等,從價格、便利性滿足區域人口的需求。

評估租金能否負擔

　　承租店面多半會簽年約，少則 1 年、多則 3 ～ 5 年，甚至 10 年也頗常見，而租金屬於固定成本，一旦簽約下去，短時間很難再做變動。創業開店承租店面仍要量力而為，勿讓沉重房租變成負擔。「晨間廚房西式早午餐」總部在替加盟主選址時也格外留心，不讓店租成為加盟主在經營上的一大壓力，會將金額控制在一定範圍內，像北部就會控制在 NT.5 萬元左右、中部則約落在 NT.4 萬元上下。

圖片提供＿舞夏設計

攝影＿Amily

05
營運方針

★ 完整列出營運計畫表

開店創業一定要擬好「營運計畫書」，可以藉由相關的項目，逐一檢視自己經營有沒有照計畫在運行，以早日達到所設定的目標。

資金分配要做好

開店創業必然有一定要投入的費用，創業前期就應該將相關的資金做好分配，包含：店租、水電、裝潢設計、機器設備、行銷費用、原物材料、人事、營運費用、週轉金⋯⋯等，妥善分配才能逐步讓經營撐過創立期、穩定期，甚至進入獲利期。切勿在開店前就動用到週轉金，這是非常危險的情況。

要有損益表的概念

損益表除了是重要的管理依據，透過數字的呈現，能看見長期經營的目標與方向。林希軒認為，開店創業的經營者一定要有損益表的概念，檢視損益分析中各項費用是否均有合理的營收佔比，有合理的損益分析才能提升開店的成功率。最簡單的損益公式「營業收入 - 營業成本＝營業毛利」，由於營業過程中還有一些營業費用項目，如店租，必須扣除才是營業獲得的利益，即「營業毛利 - 營業費用＝營業利益」，但開店仍需要繳稅，實際扣除後的稅後損益才是最終獲得的金額。

林希軒提醒，除了留意「營業毛利」數字，另也可以關注「現金流量」這項指標，其主要是因為經濟活動所產生的現金流入、流出及其總量情況的總稱，若數字為正數代表經營的不錯，若呈現負數則代表經營上出現問題，可就相關項目再去做檢視與調整，好讓店鋪不會因周轉不靈而倒閉。

留意營業額出現異常原因

　　每日、每週、每月營業額多少會出現變化，此也能作為經營過程中參考的數據指標。試圖從內外部環境因素做觀察分查，內部環境因素包含：人員流動、服務品質不佳……等，外部環境因素包含：淡旺季、商圈消費習慣改變……等，隨時透過數字變化去做各項的因素分析，找出異常原因，進而去做改善，才不會讓營收直直往下掉，甚至最後面臨收攤命運。

★ 分店擴張 VS. 連鎖加盟

開設第一間店若又做的很有起色，多半會有開設分店或打算進入連鎖體系的打算。無論是哪種模式，皆需要做好準備，才能讓運營走在軌道上。

獨立店的擴張

　　趙瀚誼表示，獨立店逐步從單店再向多店，5 間店以下還可以土法煉鋼方式進行，即用一間店帶領其他家做管理，但店家數再往上增加勢必就會很辛苦，所以繼續擴大則需要有總公司或團隊來主導運作，才能讓規模有目標性地進行；甚至後續走到大規模時，也必須加入中央廚房的概念，可做集中採購、統一加工……等處理，這不僅有助於品質管控，也有助於成本控制的優勢。

連鎖體系的發展

　　徐偉漢談到，創業的第一間店獲利成功，不代表直接複製下一間店也會成功，首間店是作為後續擴張的基礎，從中了解相關的商品、服務、設計、營利模式有無改進的空間。倘若確定要走向加盟時，才會將第二或第三間店作為加盟示範版本，在這個示範店中，讓店裝、設備、商品、服務皆趨於標準化，以作為加盟者投入

的參考依據。他也建議，可以在第二間店時，便可開始做市場調查，多方詢問多少的建置成本是能夠引起加盟者投資興趣的，例如願意花費 NT.100 萬元、NT.120 萬元作為加盟投資之金額，這時就可以供自己作為一項參考值，進而再去調整後續裝潢、設備費用，一來能有效控制加盟金額，二來也有助於走向更模組化，利於後續展店。當然在步向連鎖加盟，相關支援也要建構完善，像是原物料供應、物流配送、設備裝置……等，後續擴張的力量才會強大，否則貿然而行風險必定很高。

圖片提供＿此刻設計有限公司

圖片提供＿此刻設計有限公司

這是此刻設計有限公司針對品牌所做的店型設計，以因應承租空間坪數，可做彈性的調整

早午餐
設計規劃

━━

隨設計在商業活動中的成分愈來愈大，設計本身的價值也愈來愈受人所重視。善用「設計」，不只能增加品牌在市場中的辨識度，也可將空間做最有效的安排，發揮最大的效益。「早午餐設計規劃」部分，從「識別設計」、「包裝設計」、「空間設計」、「行銷推廣」等面向，說明早午餐空間的設計重點。

01
識別設計

★ 建立品牌識別加深品牌印象

市場上品牌何其多，要如何讓消費者留下印象，品牌識別很重要，因為這是讓消費者分辨具體品牌的有力標準。

LOGO 設計要讓人易懂

　　市場上新品牌一個一個冒出來，要吸引消費者眼球，LOGO 變得相對重要。具有身分辨識作用的 LOGO，在表現上建議不要隱含太多暗喻，簡單而容易使人明白最好，快速將想傳遞的訊息傳送到消費者腦海裡。至於在設計上，仍建議透過尋求專業團隊進行規劃，較能將字體、形式、圖像、顏色、版型等做有規範性的配置。

把品牌價值、特色一併做表述

在做 LOGO 設計時，建議要將品牌價值、企業形象，甚至特色等一併融入，讓人在辨別品牌的同時也能從中了解到品牌想傳遞的宗旨。例如欲成立的早午餐訴求健康、有機，那麼在設計時就能把這樣的文案放入，可透過文字、圖像加以突顯，當消費者在看到 LOGO 時，就能清楚意識到這是間定位在健康、有機的早午餐店。

圖片提供＿此刻設計有限公司

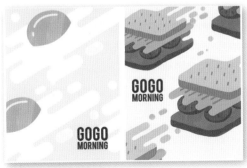

圖片提供＿此刻設計有限公司

此刻設計在替品牌規劃LOGO時會嘗試加入設計元素，讓其更活潑易掌並且達到吸睛的。

02
包裝設計

包裝，有沉默推銷員之稱，在餐飲店鋪中也扮演重要角色，透過包裝便能把美食送到消費者身上，美觀設計還能提升價值、帶來視覺驚喜。

納點巧思，包裝也可以很有趣

把 LOGO 印製外包裝上已是常見的形式，如此一來才能達到宣傳效果。除此之外為了加深印象，開始會有業者在開闔上動巧思，獨特的打開方式，讓人在品嚐餐點時多了點視覺與觸覺的衝擊；另外也有業者在利於就口、飲用上留心，從打開到食用完畢，過程中絲毫不用擔心會弄髒手。既然包裝是銷售上重要的工具，花點巧思，包裝不只有趣還可以很貼心。

留心印製時的問題

雖說善用包裝這項利器能幫品牌做最好的宣傳，但在印製、材質選擇上也要留心，才不會出現反效果。趙瀚誼指出，油墨是食品紙盒印刷的基本材料，在印製時盡量避免在外包裝印滿版色的形式，一來油墨味較濃會影響食用，二來像杯子就是整捆套在一起，一旦遇品質不好的印刷廠，容易產生內層沾色問題，同樣也會影響食用。

勿忘成本與庫存

包裝成本不低，通常印製 1 款就要 NT.3 萬多元，若餐點、飲品包裝物的各種尺寸皆要，林林總總少說也有十幾款，整個印製下來約 NT.30 ～ 40 萬元左右，代表尚未開店就已先有一筆龐大的費用要支出。趙瀚誼表示，雖然說包材是廣告之一，仍要計畫性的印製，建議可從販售的商品找出所需、可互共用的款式，把錢

花在刀口上才不會形成浪費。徐偉漢則提供包裝材在庫存面的考量，他建議在外包裝的購入上，可從店鋪經營型態做思量，若店本身就是以外帶為主，就可在外包材上下工夫；若店是以內用為主、外帶為輔，可朝互相共用方式來走，省去不要的花費也能把庫存量做有效的控制。

別讓包裝美意成為一種負擔

　　在選購包材形式時，徐偉漢同樣建議也可從店鋪經營型態加以思考，若是經營外帶市場且客群又以上班族居多，那就要思考這群人往來移動的方式為何，哪種包裝形式、材質最利於他們使用。市場就曾出現名為「胖胖杯」的手搖飲料，雖然說大容量一杯可以喝很久，但因尺寸過大就出現擺放困難的問題，因為一般車上的飲料架根本放不下，設計、選購外裝盒時，也應把便利與否納入考量，切勿讓原本的食用美意變成一種負擔。

圖片提供＿此刻設計有限公司

圖片提供＿此刻設計有限公司

215

03
空間設計

在《設計餐廳創業學》一書中談到，開餐廳只有美味已不夠，還得用「設計」決勝負。其中外觀設計更是重要，因為它代表的是一間店的門面，也是消費者決定入店與否的關鍵。

把 ICON 或 LOGO 融入包裝中，加深對品牌的印象

圖像記憶是一種視覺感官收錄，能快速地將訊息記錄下來，名象策略股份有限公司創意總監桑小喬建議，在設計包裝外觀時，不妨可將品牌中有使用到的圖像、ICON、LOGO 等融入其中，特別是對新興品牌而言，藉此有利於幫助消費者增加記憶，進而留下對品牌的印象。

善用外觀的多「面」成打卡活招牌

外觀設計含括了招牌、門面以及店鋪本身，這些多「面」除了傳遞訊息，還能透過設計成宣傳活招牌。像招牌就有正招、側招、立招，依需求設定呈現位置與形式外，還可設計從不同面向看去能有不同的畫面，移動之間感受巧思、產生拍照打卡的慾望，借助消費者做進一步的宣傳。

泥巴咖啡（The NAKED Cafe）是台中歷史悠久的早午餐店，咖啡坊，運用加大門裕出方式，闡述餐廳經營的理念。

不同形式的招牌呈現，讓「喫飽早午餐」品牌能吸往來路人看見。

★ 工作區設計得宜運作才會流暢

無論是走「連鎖早餐延伸經營早午餐類型」，還是以「獨立品牌經營特色早午餐類型」為主，皆會有出餐需求，因此作為出餐重地的工作區設計規劃就很重要，人員能各司其職，彼此運作流暢又速度快，才不會讓客人取餐等太久。

工作餐台分單邊型與雙邊型

早午餐空間主要分工作餐台區（包含點餐、盛裝包裝、煎台、飲料）、座位區，多半會依據坪數、出餐需求決定配置雙邊型或單邊型，趙瀚誼解釋，雙邊型即配有兩道工作區，一側將煎台、水槽等集中一起，另一側則是安置點餐、盛裝包裝、飲料等區，而中間留有過道方便人員移動；單邊型主要是將工作餐台區配置在同一邊。

工作餐台擺放位置也會左右營收

趙瀚誼提及，工作餐台位置的擺放多少也會左右營收，他進一步分析，若經營的早午餐店型鎖定的是外帶客，工作餐台一定要往前移，可快速點餐、取餐，甚至車子臨停也不會等候太久；反之若將工作餐台往內移，外帶客會直覺購餐就得入店才行，那便會使人退卻，轉往更方便的店家消費，長時間下來，生意做不到自然就會左右營收了。

垂直模式強化出餐效率

工作餐台的規劃跟出餐操作便利性、順暢度習習相關。趙瀚誼解釋，出餐時間是分秒必爭的，人員幾乎是在定點作業，一手接過食物，另一手就要向上拿餐盤或外帶盒做盛盤或包裝，接著再送出餐，垂直作業模式出餐效率才會高。

留意工作台與走道寬度

為了讓作業可具效率，工作餐台的尺寸也要留心，像工作餐台高度約 80 公分、洗碗台則約 95 公分，各自作業上較不易形成疲累；至於單人的工作面寬約 80 ～

90 公分，人員轉身、移動皆不會過窄。至於走道最好預留在 90 ∼ 100 公分，讓工作人員錯身不會覺得擁擠。趙瀚誼提醒，當出餐一忙起來人員幾乎不太走動（負責送餐人員除外），因此在出入口設計上建議不要過多，一旦多同樣也會影響出餐效率。

預留維修走道、水管別太細

　　工作餐台裡仍會擺放相關爐具、冰箱等設備，這些器具用了一定會遇上維修問題，舞夏設計設計總監楊博勛建議一定要記得預留維修走道，通常設備面寬約 85 公分，走道就至少要 90 ∼ 100 公分，好讓設備能夠順利的搬運出來做維修。趙瀚誼談到，一般早午餐店礙於裝潢預算，不太會做地板架高，所以排水管線就會以明管、集中於單條線上的方式來走，此時要留意管徑大小，至少 2 吋較佳，另需要留透氣口，排水才會順暢。

選擇易清潔、符合法規的材質

　　早午餐空間屬於準備食物的空間，其訴求乾淨、衛生，因此在選擇材質上建議仍要以好清潔、抗汙為主；再者除工作人員、消費者也多半會在環境之間走動，多少都會產生碰撞，因此材質最好也要具備耐撞、耐刮等特性，像不鏽鋼就是最常用的材質之一，也相當耐用。除了滿足清潔與維護，另也要符合消防法規，以提升安全與保障。

圖片提供＿此刻設計有限公司

將工作餐台往前移，可快速送點餐、取餐，甚至車子臨停也不會等候太久。

★ 留心座位與回收台的設計

別小看餐飲空間內的座位設計與回收台設計，前者做得好能提高翻桌率，並直接帶來最實質的收益；回收台看似不起眼，倘若能跟內場相接應，亦能讓人員作業更有效率。

間距狹小的座位安排

開店致勝關鍵，翻桌率是其一，若是選擇走平價路線，更要善用座位來提高翻桌率，可嘗試間距狹小的座位安排，在消費者還能忍受的範圍，藉由製造一點點擁擠感，讓顧客自然加快用餐速度，有效提升翻桌率。至於在桌型的選擇，兩人桌的彈性較大，既不會浪費座數位，要併桌也很容易。

回收台位置與內場的接應

並非所有早午餐店都採取由服務人員統一進行餐點的分送，以及餐具的收拾，若是設計由消費者個人取用、用畢後自行回收，那在座位區附近要配置回收台，回收台位置最好要與內場相接應，結合隱藏性開口，人員就能從後方就近把餐具送進清理步驟，讓人員作業更有效率。

★ 各式元素讓店格與品牌更為貼近

愈來愈多人投身餐飲創業，除了在經營上很有想法，就連設計也很有概念，運用各式元素替空間定調，也讓店格與品牌更為貼近。

每個角落都有自己的故事

愈來愈多業經營者都有設計背景，藉由設計把夢想中店的輪廓一一描繪出來，

讓入店享用早午餐的人都能從小細節中感受到店主人的巧思。另外也有經營者選擇委託專業設計公司來做規劃，藉由專業讓空間更加到位。楊博勛觀察，來到早午餐店的人，不全然只有用餐，有時還含有聚會用意，為了滿足不同客源的需求，會嘗試在每個角落摻入不同的設計，以不同的元素去烘托空間，讓來客無論選擇哪個位置都有屬於那個角落的風景與故事。

主題牆回應現下打卡需求

操刀商空經驗豐富的楊博勛認為，雖然主題牆是吸引現代人到訪餐廳的目的之一，除了以品牌 LOGO、色系去做發想外，另也可以加入更嘗試性、更突破性的設計，帶出打卡牆的另一層意義。由楊博勛所規劃的「餄荇咖啡」是間咖啡結合早午餐的空間，他嘗試在每一層樓都有不同的主題，每到一層都是一次驚喜，製造下次還想再來的慾望。

圖片提供＿舞麥設計

「餄荇咖啡」每一層樓都有不同的主題，每到一層都是一次驚喜，製造下次還想再來的慾望。

04
行銷推廣

★ 用對行銷策略利於品牌推廣

有計畫的行銷策略規劃能讓你的品牌、產品銷售更有力。虛實整合時代下,過去文宣、口碑宣傳之外,社群行銷是現今很重要的一種力量,借助網絡把知名度擴散開來;除此之外也能嘗試進行店家合作方式,借力使力做不一樣的推廣。

善用網路言與消費者溝通

　　《跟連鎖經營顧問學開店創業》一書中直指,新品牌進入市場需要做好行銷,以帶來好的集客力。另外,根據財團法人台灣網路資訊中心於 2018 年提出的台灣網路報告點出,社群直播與分享推薦的特性,使社群不再單純是社交平台;再看向 2018 年創市際市場研究顧問公司社群網站使用報告數據,台灣 Instagram 月活躍用戶數達到 740 萬人,而在年齡使用上,Instagram 使用人口介於 15 ～ 34 歲間佔 6 成以上。若早午餐鎖定在 18 ～ 35 歲的年齡層,那麼就要從他們慣用的社群媒體著手,用他們可以理解的語言,讓你的品牌與商品被他們所認識。

借力使力、化競爭為合作

　　單一力量絕對比不過團體力量,已有早午餐業者意識到這一點,嘗試透過合作,借力使力方式把好的餐飲分享給更多人知道。「餵我早餐 The Whale」與「好初早餐」就進行餐點交換的行銷合作,透過兩方食材交流方式,讓餐點能在不同的區域做推廣,創造出一加一大於二的效益;位於新竹的「Mountain House 山房」則同樣與在地的涼麵店鋪「北門室食」,也是以交換食材的方式進行聯名合作,除了提供消費者限定限量的餐點外,更希望能藉此帶動新竹獨立特色小店的發展。

圖片提供＿餵我早餐The Whale

攝影＿Amily

「好初早餐」與「餵我早餐The Whale」進行餐點交換的行銷合作，透過雙方食材交流方式，讓彼此能在不同的區域做推廣。

早午餐店
開店計畫

創業開店是不少人的夢想，在本章節將開店過程中重要的計畫項目，加以條列、歸納做
說明，作為創業新手邁向開店的一個參考依據。

開店計畫

所謂的開店計畫即是針對開店的方向、目標做清楚扼要的擬定與概述,包含:開店動機、市場定位、營運目標……等,有計畫性地進入市場,才能一步步地朝理想的藍圖邁進。

開店動機

開店前一定要想清楚,並詢問自己的動機為何?同時也要做好謹慎的評估再決定是否投入開店創業。千萬別只看見當老闆光鮮亮麗的一面,開店後排山倒海而來的問題,自身能力是否足以應對環境挑戰,以及所推出的商品能否滿足市場需求等,逐一列表評估,確定自己皆能夠承擔,再著手準備相關事宜。(詳見P200)

經營型態

目前台灣的早午餐市場,主要經營模式以「連鎖早餐延伸經營早午餐類型」與「獨立品牌經營特色早午餐類型」兩大類型為主,進入市場前最好要先了解市場當今狀況、規模、競爭對手為何等,再決定要走的經營方式。選擇走向加盟連鎖早餐店,可從具競爭力、發展性、有信譽評價的品牌做挑選;若是想發展獨立品牌,除了建立品牌本身的特殊性、排他性外,另也先藉由單店的經營以確定可行的商業模式後,再行擴張計畫。(詳見P199)

了解定位

市場定位意指產品在市場上所處的位置,進入市場前必須確定好商品的定位,進而才能找出對應商品價格代、消費客群……等。以「ISAAC愛食刻」為例,相中當時「現煎、手作吐司」的市場缺口,便從韓國引進該品牌至國內,用獨特的品味征服

國人味蕾，同時也打開不一樣的早餐、甚至是早午餐市場。（詳見 P012-015）

發展區域

推出品牌時一定會思考進入的市場區域，現今早午餐市場競爭如此激烈，要打響品牌知名度，不一定非得靠進入一線城市才有機會，就像「吐司男」、「晨間廚房西式早午餐」等品牌，採取從中南部起家，逐步打響名聲後，才進軍北部市場，一來有更充裕時間做準備、調整，二來可藉由在中南部所累積的聲量，進軍其他城市，以借力使力方式達到宣傳。（詳見 P008-011）

資金計畫

開店需要資金，需要多少資金、如何籌備資金……等這些都要在開店時羅列清楚。另外，預備金也要有所準備，建議最好準備半年以上的預備金，特別是現今餐飲業大環境競爭激烈外，2020 年初突如其來的 COVID-19（新冠肺炎）疫情衝擊，最直接的影響就是經營問題，是否有足夠的資金能撐過衝擊甚至不景氣，也是接下來在構思開店資金計畫時，必須要做的一項評估。

營運計畫

店鋪經營有分短、中、長期目標，在擬定計畫書時，可以將各時期的目標規劃清楚，好能釐清品牌未來的發展可能性以及各個階段的目標。例如開業多久後開始獲利、達損益兩平，甚至構思下一步開分店的計畫等，以目標作為前進動力，也讓經營更快步上軌道。以「餵我早餐 The Whale」為例，2016 年開始籌備第一家公園店，2017 年 7 月左右開始獲利，2018 年 7 月損益兩平，2019 年 1 月構思開分店的想法，2019 年年底第二定大安店開幕。

店鋪選址

選擇店鋪除了從熟悉的區域出發外，對於商圈裡的人流、交通，甚至本身陰面與陽面特性也要加以評估，這都與經營有很直接的影響。

人流、交通缺一不可

早午餐講求方便與快速，因此除了人流，交通條件也決一不可，外帶店是否快速可達就格外重要，內用店則訴求好不好停車，這些在選店鋪位置時都要一併納入，否則光有人流但交通不便，或交通便利但人流稀疏，等同無意義。以「好初早餐」為例，創辦人陳頌成本就住在新北市板橋區，憑藉對區域的了解，很快就鎖定江子翠商圈，附近挾帶捷運站、市議會，結合交通與人流優勢，名聲慢慢就在區域間傳遞開始，持續至今人氣依舊不減。

商圈也有陰面與陽面

商圈有所謂的「陰面」與「陽面」，陰面人潮少、陽面人潮較為熱絡。商瑪廣告事業有限公司總經理徐偉漢提醒，選址承租店面時，記得要將商圈的陰陽面納入考量，這跟實際經營有很大的影響。

別讓店租成經營負擔

開吧餐飲顧問股份有限公司創辦人魏昭寧提醒，開店創業務必原量力而為，千萬別讓沉重房租既變成負擔，進而犧牲掉利潤。以「晨間廚房西式早午餐」總部在替加盟主選址時也會留意這部分，會將金額控制在一定範圍內，像北部就會控制在 NT.5 萬元左右、中部則約落在 NT.4 萬元上下。

資金結構

開一間早午餐店無論獨立店、加盟店,皆有屬於自己的資金結構,做好每一項的支出規劃,接連後續才有把握能成功回收、獲利,甚至擴充。

盡可能不讓成本出現失控情況

開一間店,在穩定營收基礎下,建議租金成本不要超過總營收的 10%、人事成本不高於 20%,物料則不要超過 30%,這些數字若能有效控,連帶也注意其他花費,較不會影響營收的表現。不過,輔仁大學餐旅管理學系副教授林希軒認為,這些佔比法則並非絕對,各店家還是可以找出自己的成本管控佔比,盡可能做到不出現失控情況,亦能夠讓營運順利進行下去。

預備金準備至少準備半年以上

不少創業開店者都忽略預備金(包含最基本的人事、租金、物料、其他雜支費用等,以及裝潢費用的攤提)的準備,導致日後資金周轉上出現調度困難。建議開店創業一定要備妥預備金,最好準備半年以上,若能做更長遠 1 ~ 2 年以上的規劃更好,因餐飲競爭市場愈來愈激烈,再加上外部環境變化因素實在太多,若有足夠的預備金,降低經營上的壓力。

損益評估

損益表是判斷店面是否賺錢的重要指標,當營收扣除相關費用的攤提後仍有盈餘,才能判定是否有賺或者賺多少。

損益表概念很重要

　　開店創業的經營者一定要有損益表的概念,檢視損益分析中各項費用是否均有合理的營收佔比,有合理的損益分析才能提升開店的成功率。最簡單的損益公式「營業收入 - 營業成本 = 營業毛利」,由於營業過程中還有一些營業費用項目,如店租,必須扣除才是營業獲得的利益,即「營業毛利 - 營業費用 = 營業利益」,但開店仍需要繳稅,實際扣除後的稅後損益才是最終獲得的金額。

勿忘現金流量指標

　　林希軒提醒損益表中的「現金流量」數字勿忽略,這主要是因為經濟活動所產生的現金流入、流出及其總量情況的總稱,若數字為正數代表經營的不錯,若呈現負數則代表經營上出現問題,可就相關項目再去做檢視與調整,好讓店鋪不會因周轉不靈而倒閉。

留意營收是否出現虛胖現象

　　在營收中容易出現虛胖現象,其中多半是變動成本在作祟,記得在清算時要一併揪出,把這些侵蝕毛利的因子給剔除,才能如實反應出最終的營收獲利。

人事管理

人事在早午餐店亦是一項重要的支出，人事費用過高便容易稀釋掉毛利，不妨可從營業中的尖峰與離峰時段做切割，找出合宜的人力需求數，才不會形成浪費。

人事支出的管控

實踐大學餐飲管理學系專技副教授兼系主任高秋英指出，理想情況下，開餐飲店的人事費用分配佔比，最好能控制在總營收的 20％左右，過高會影響店的獲利。最好在開店前就做好人事分配的概念，特別像是早午餐店型，其離、尖峰時段很明確，哪個時間點需要多一點的人力，建議應在事前做好推演估算，才不會對日後的營收產生影響。

從營業額推估人力比

要如何做人力比的配置，建議可以從一天的營業額去估算，以早午餐一天營業額 NT.1 ～ 1.5 萬元為例，進而再從客單價做回推，找出一天大約所需要的員工人數。

正職、兼職人員相互補

正職與兼職人員薪資費用不同，為了節省成本，不少店家會選擇正職與兼職人員並用，彌補人力上的不足也帶來助力。早午餐店同樣有所謂的離峰與尖峰時段，尖峰就是落在早上 7 ～ 8 點，與接近正午 12 點左右，這時就可彈性聘雇一些兼職人員，消化部分工作並有效控制成本。

物料倉管

食材在早午餐店的經營中亦是一項重要的費用支出，除了食材之外，另外相關的包裝材料也是一項重要的花費，這些也都必須做好相關的管控，才不易形成浪費。

從銷售數字決定食材存量

現在經營餐廳多半會使用 POS 系統（Point of Sale），中譯為銷售時點信息系統，這能夠替店家處理點餐、訂位，另也能進行庫存管理、盤點等事宜。經營上可藉由系統銷售數字分析哪些餐點較受歡迎，哪些銷售較不理想，透過數據進而決定食材的訂購、庫存，既不會造成食物與成本上的浪費。

留心包材成本與庫存

包裝材的成本不低，通常印製 1 款就要 NT.3 萬多元，若餐點、飲品包裝物的各種尺寸皆要，十幾款整個印製下來約 NT.30 ～ 40 萬元左右。建議可從販售的商品找出所需、可互共用的款式，不形成浪費；或者也能效仿部分店家的作法，外包材上不再加以印製其他圖案或標示，即直接使用最單純的包裝形式，減少其他費用的支出。

設計規劃

早午餐店無論以外帶還是內用，皆有出餐需求，因此事前的設計規劃得做足，不僅能讓人員能各司其職，運作流暢又不卡卡，內外場同仁、顧客彼此移動行進也很合宜。

規劃流暢的位置與動線

早午餐空間依據店型對應出不同的工作區域，多半包含：點餐、盛裝包裝、煎台、飲料、座位區、外帶區等，主要仍是依據坪數、出餐需求決定配置形式與位置，切勿讓出餐、送餐、取餐等動線產生衝突，以免作業運行受到阻礙。（詳見 P218）

餐台位置會影響著營收

若經營的早午餐店型，鎖定的是外帶客群，其訴求的是方便與快速，代表消費者期望的是「點了餐即可拿了就走」，因此，這時工作餐台一定要往前移，藉此加深消費者既可快速點餐、取餐印象，反之若規劃在內，則會讓顧客認為得下車入店才能進行點餐，如此一來就會大大降低上門消費的慾望。（詳見 P218）

設計上要滿足垂直模式

工作區裡的人員，幾乎是在定點作業，例如，負責煎台的同仁，從上或下方接過食物進行煎煮，完成後再平移送到負責盛裝的同仁手上，該同仁一手接過食物，另一手就要向上拿餐盤或外帶盒做盛盤或包裝，接著再送出餐，幾乎都是以垂直作業模式在進行，因此在設計上要滿足垂直模式，出餐效率才會高。（詳見 P218）

走道寬度勿過於窄小

多半早午餐店鋪的空間都不大，但為了利於同仁在環境之間的移動，此刻設計有限公司管理及設計總監趙瀚誼提醒，走道最好預留在 90 ～ 100 公分，讓工作人員錯身不會覺得擁擠，另外，走道寬度充足，日後遇設備需要維修時，也能夠順利的搬運出來做修繕。（詳見 P218-219）

設計時亦要考慮回收台位置

愈來愈多早午餐店是採取自助式取餐，以及用餐後自行回收整理相關垃圾，這時在設計上就要細細思量回收台安置的位置，除了安排在靠近座位區外，另外最好也要與內場相接應，如此一來，人員就能順勢接過餐具後，並送進清理步驟，作業更具效率。

配置貼心的小設計

開店致勝關鍵，翻桌率是其一，但也有店家選擇逆勢操作，像是「覺旅咖啡 Journey Kaffe」，店內除了提供舒適有彈性的空間座位外，每個座位都配有插座，插座網路免費使用，用更為貼心的設計取得消費者認同與好感度。因此設計時也可以連同定位一起思考，將相關插座一併放入，連同管線、配電量的安排等做規劃，省去日後再添加的困擾。

裝潢發包

早午餐店依據經營形式有不一樣的裝潢發包，若是走向加盟連鎖，多半有固家配合的設計師、工班團隊來做設計與施工，若是獨立店型，無論是尋求設計師、工程團隊，則對於工期、流程要加以留意。

選擇裝潢方式

就連鎖加盟品牌而言，多半裝潢會連同由總公司負責，在所配合的設計師、工程團隊來進行一系列的設計規劃。至於獨立店，多半是會委由專業設計師來做規劃，另也有部分是先交由設計師或自行設計好，再發包後續工程。

無經驗者要留意裝潢風險

自行找工人發包雖然可以節省費用，但多數人不常有裝修店面的經驗，一旦遇上經驗不足的工班、無法有效掌握進度，甚至中間與其他工程種類（如木工、水電、油漆、設備等）的溝通，若有協調不佳的情況產生，都有可能成為裝潢風險，進而造成進度落後，這不只使得費用、時間變項增加，嚴重還會影響到後續的開幕期。

裝潢法規要熟悉、勿觸法

2020 年 4 月底剛發生的錢櫃 KTV 大火事件，再度引發政府、國人對於營業店面安全的重視。開店創業得面臨許多法規規範，如建築法、消防法……等，若要自行發包一定要對此非常了解，以免發生意外時得承受更多的法律責任。由於裝潢工程問題較為複雜，建議還是交由專業的設計公司來做處理較為理想。

施工期切勿拖太長

　　店鋪設計、施作皆需要時間，對實體店鋪而言，承租的那一刻，租金便開始計算，分分秒秒都是錢，因此在設計與裝潢上切勿花太多時間，每分每分都要善加利用，後續才能進入裝潢並順利開店。

裝潢費用要
花在刀口上

　　要記得，裝潢費用是開店初期的一大成本，在構思裝潢設計時，千萬別盲目追逐最貴、最好，甚至也不要盲目地增加費用，這些不僅會提高開店成本，連帶也會影響日後攤提速度。

善用軟裝可做彈性替換

　　不一定所有裝潢都要做固定式，可善用一些軟裝來替空間妝點，既能如實呈現出所要的氛圍，後續也能依季節做變化，增加新氣息。善於替品牌進行設計規劃的商瑪廣告事業有限公司總經理徐偉漢認為，裝潢時不妨先把需要做固定式設計的部分條件出來，其餘多以軟件取代，變化彈性大，風格也能清楚到位。

教育訓練

隨餐飲業競爭愈趨激烈，服務也成為品牌在經營上的重要手段。然而服務要做得好，人員教育訓練就變得更為重要，透過品牌本身擬定的服務規範教育員工，讓服務更加完善，也替企業帶來更多的經濟效益。

擬定訂服務 SOP、做好完整訓練

服務品質在餐飲經營中相當重要，在早午餐店中，服務流程雖然不像一般西式、中式餐廳般繁複，但它仍是消費者留下印象的重要指標。為了提升顧客回流率，各家品牌在這部分也陸續制訂出服務 SOP 流程，甚至做好相關的完整訓練，有效且快速出餐外，也確保服務的品質。

完整晉升制度，降低人才流動

對於很多早午餐店來說，尋找合格的內外場人員是一大挑戰，如何降低人員流動並留住好人才，一直是各店在努力、著墨的地方。以「the Diner 樂子」為例，為改善大約每 3 年歷經人事大異動的情況，後續提出完整的晉升制度，讓長年工作的員工能依循往上爬，同時也提升資深人員的留任率。（詳見 P020-023）

與加盟主並肩一同成長

不少早午餐品牌從單店走向加盟連鎖形式，在開放加盟的同時，總部也將他們視為同仁、夥伴，採取一同並肩作戰、共同成長策略，相互一起讓品牌更為壯大。像「拉亞漢堡 Laya Burger」從當予加盟者安定感角度出發，定期舉辦加盟商年會，以共同獲利的理念與加盟主互動；「麥味登 MWD」則是會透過定期檢核、教授制度等，讓店穩固品質之餘也不斷地穩定成長。

廣告行銷

為了能讓消費大眾看見品牌，使用行銷宣傳是一項很重要的方式。而今的宣傳不再仰賴單一，更多店家善用數位科技、異業結盟合作方式，找出與大眾接觸的機會以及銷售破口。

善用科技語言做最有效的溝通

人手一機時代下，愈來愈多品牌善用數位科技與消費者做溝通，除了可以透過 App 記錄下消費者的喜好、讓會員活動更在地、個人化外，也能做最有效的行銷推播，讓宣傳變得更融入當下趨勢。「the Diner 樂子」就與 LINE@ 合作，在對的市場找到對的客戶，同時也達到精準行銷；「麥味登 MWD」則是與不同類型的 App 進行合作，搭配不同活動、集點方式進行行銷宣傳，也能提高民眾與品牌接觸的機會。

舉辦獨家活動，不告廣告打響名聲

愈來愈多品牌經營 FACEBOOK、LINE、Instagram、YouTube 等平台，為的就是要用不同方式與消費者接觸。然而在使用這些平台時，線下實體社群的經營更是重要，因為它關係到能幫助品牌找到目標客群，因此，不少早午餐品牌也搭上社群行銷熱潮，建立自己的忠實粉絲。像新北市板橋早午餐始祖「好初早餐」，在成立粉絲頁後，也成立「好初常客偷偷來」社團，不僅 TA 明確、舉辦活動的成效也更為精準。

品牌聯手帶動新一波行銷

聯名合作是近幾年興起的一項行銷手法之一，意指不同品牌透過合作方式，觸及到原本不屬於自家品牌的客群。在早午餐市場中，亦有品牌推出此手法，如「好初早餐」與「餵我早餐 The Whale」透過交換餐點的活動，帶動一波行銷，「Mountain House 山房」也與新竹在地涼麵鋪「北門室食」，以交換食材方式進行聯名合作，藉此增加與消費者互動機會，另也帶動新竹獨立特色小店的發展。

IDEAL
BUSINESS 16

早午餐創業經營學：
差異化創新找出營運致勝模式，以特色產品建構品牌識別，小店也能成為大事業！

國家圖書館出版品預行編目 (CIP) 資料

早午餐創業經營學：差異化創新找出營運致勝模式，
以特色產品建構品牌識別，小店也能成為大事業！ /
漂亮家居編輯部作 . -- 初版 . -- 臺北市：麥浩斯出版：
家庭傳媒城邦分公司發行 , 2020.05
　　面；　公分 . -- (Ideal business；16)
ISBN 978-986-408-603-0(平裝)
S
1. 餐飲業 2. 創業 3. 商店管理

483.8　　　　　　　　　　　　　　109005766

作者｜ 漂亮家居編輯部
責任編輯｜ 余佩樺
封面 & 版型設計｜ 白淑貞
美術設計｜ 白淑貞、鄭若誼、王彥蘋
採訪編輯｜ 楊宜倩、許嘉芬、陳顗如、李與真、余佩樺、
　　　　　　洪雅琪、王馨翎、陳婷芳
活動企劃｜ 洪擘

發行人｜ 何飛鵬
總經理｜ 李淑霞
社長｜ 林孟葦
總編輯｜ 張麗寶
副總編｜ 楊宜倩
叢書主編｜ 許嘉芬

出版｜ 城邦文化事業股份有限公司麥浩斯出版
地址｜ 104 台北市中山區民生東路二段 141 號 8 樓
電話｜ 02-2500-7578
E-mail｜ cs@myhomelife.com.tw
發行｜ 英屬蓋曼群島商家庭傳媒股份有限公司城邦分公司
地址｜ 104 台北市民生東路二段 141 號 2 樓
讀者服務專線｜ 0800-020-299（週一至週五 AM09：30 ～ 12:00；PM01：30 ～ PM05：00）
讀者服務傳真｜ 02-2517-0999
E-mail｜ service@cite.com.tw
劃撥帳號｜ 1983-3516
劃撥戶名｜ 英屬蓋曼群島商家庭傳媒股份有限公司城邦分公司
香港發行｜ 城邦（香港）出版集團有限公司
地址｜ 香港灣仔駱克道 193 號東超商業中心 1 樓
電話｜ 852-2508-6231
傳真｜ 852-2578-9337
馬新發行｜ 城邦（馬新）出版集團 Cite (M) Sdn Bhd
地址｜ 41, Jalan Radin Anum, Bandar Baru Sri Petaling, 57000 Kuala Lumpur, Malaysia.
電話｜ 603-9056-3833
傳真｜ 603-9057-6622
總經銷｜ 聯合發行股份有限公司
電話｜ 02-2917-8022
傳真｜ 02-2915-6275
製版印刷｜ 凱林彩印股份有限公司
版次｜ 2022 年 7 月初版二刷
定價｜ 新台幣 499 元整